Zur

Geschichte und Kritik des Zellenbegriffes in der Botanik

von

Dr. Adolph Hansen,
Professor der Botanik an der Universität Giessen.

Mit einer Tafel aus Robert Hooke's Micrographia.

Giessen 1897.
J. Ricker'sche Verlagsbuchhandlung.

Es hiesse Eulen nach Athen tragen, wollte man sich über die Wichtigkeit des Zellenbegriffes in der Botanik noch ausführlicher verbreiten. Anatomie und Physiologie sind in gleicher Weise betheiligt an dem Verlangen, nicht nur nach einer klaren Vorstellung von der Zelle, sondern auch nach einer klaren und widerspruchsfreien Ausdrucksweise darüber, was man unter einer Zelle zu verstehen habe. Nachdem seit der Entdeckung der Zelle immer mehr alle anatomischen und physiologischen Thatsachen auf sie bezogen werden mussten, war man bestrebt, den Zellenbegriff immer schärfer und nach bester Ueberzeugung richtiger zu fassen. Was Anfangs vorhanden war, wurde nach und nach umgestaltet und so ist der Zellenbegriff endlich so verändert worden, dass die Zelle heute etwas ganz anderes bedeutet, als bei ihren Entdeckern. Die Frage nach der Vollkommenheit des heutigen Zellenbegriffes kann allerdings nicht befriedigend beantwortet werden. Vielmehr hat sich in neuerer Zeit das Gefühl eingestellt, dass unser Zellenbegriff einer Kritik allen Ernstes bedürfe. Eine gewichtige Stimme hat demselben auch schon einen vorläufigen Ausdruck verliehen. Im Jahre 1892 hat Sachs in der Flora eine kurze Mittheilung unter dem Titel „Energiden und Zellen" veröffentlicht, in welcher angeregt wird, den Begriff der Zelle, wie er heute in der Botanik herschend ist, umzugestalten. Ich habe den Erörterungen von Sachs bei ihrem Erscheinen im Princip vollauf beigestimmt und betrachtete sie geradezu als Versprechen auf eine baldige Befreiung von dem Drucke, den der heute in der Botanik übliche Zellenbegriff ausübt. Dieselben Ueberlegungen, welche Sachs mittheilt, waren mir auf ganz demselben Wege, nämlich durch die eingehendere Behandlung der Zellenlehre im Vortrage aufgestiegen. Es lag kein Grund vor, Aehnliches nochmals zu veröffentlichen, da Sachs seinen Aufsatz als vorläufige Mittheilung bezeichnet hatte. Weitere Ausführungen sind trotzdem nicht erschienen und sind uns leider durch das Hinscheiden des hervorragenden Gelehrten für immer vorenthalten. Nun liegt aber eben deshalb kein Grund mehr vor, die hier gegebenen Ausführungen zurückzuhalten. Es ist nicht unmöglich, dass auch Andere aus demselben Grunde wie ich, mit ihrem Urtheil bisher zurückgehalten haben, denn es muss auffallend erscheinen, dass die Discussion über diese wichtige Angelegenheit eine ganz beschränkte geblieben ist und die wenigen Bemerkungen von anderer Seite sich im Ganzen mehr ablehnend dem Vorschlage von Sachs gegenüber verhielten. Meines Erachtens ist diese Sache nicht nur wichtig, sondern völlig spruchreif und muss, wenn man sich in der Botanik nicht der höchsten Unklarheit bei einer ihrer Grundlagen schuldig machen will, auf die Tagesordnung gesetzt werden.

Die Frage lässt sich aber wohl kaum in der Form einer kurzen Notiz, wie Sachs seinen Aufsatz bezeichnet, vorbringen und durch eine mehr gelegentliche Besprechung erledigen. Worte und Begriffe können unter Umständen veraltet sein, zu den Thatsachen nicht mehr passen, ohne das man sie aufgiebt. Dafür haben wir in der Naturwissenschaft mannichfache Beispiele. Es würde auch keinen Werth haben, den Ausdruck Zelle zu streichen, wenn er nicht mehr ganz genügte. Denn Begriffe und Worte sind schliesslich doch nur Werkzeuge für Denken und Verständigung und auch ein abgebrauchtes Werkzeug kann noch Dienste leisten, ja es ist dem Meister oft lieber, als das blanke, neue.

Aber prüfen können wir wohl unsere Begriffe von Zeit zu Zeit. Das ist die Pflicht der Wissenschaft und Sachs hat vollkommen recht, wenn er sagt, dass ein richtiges Wort für die wissenschaftliche Thatsache nicht gleichgültig sei, und ich möchte hinzufügen, dass durch Unklarheit von Worten und Begriffen die Wissenschaft selber ins Wanken gerathen kann: Nur an das richtige Wort kann sich die richtige Vorstellung knüpfen und nur die richtige Vorstellung kann zum Wege neuer und wahrer Entdeckungen führen. Wie lange hat die „Spiralfaser" die Pflanzenanatomen in der Irre herumgeführt, vorbei an der grünen Weide.

Die Prüfung der Begriffe kann jedoch nicht durch Gegenüberstellung von Meinungen geschehen; aber so ist es dem Vorschlage von Sachs ergangen. Es fragt sich vielmehr, ob das Wort Zelle, und der damit verbundene Begriff eine logisch oder wenigstens historisch berechtigte Existenz besitzt. Nur wenn eine Untersuchung dieser Punkte verneinend ausfällt, kann man wohl hoffen, durch etwas Neues einen Fortschritt zu gewinnen. Ich glaube nicht, dass es einen anderen Weg giebt, um aus der Unklarheit herauszukommen. Die Anregung von Sachs gänzlich ausser Acht zu lassen, wie es im Laufe von fünf Jahren geschehen ist, halte ich für einen Schaden.

Ich habe nicht die Absicht, hier eine vollständige Geschichte der Zellentheorie zu geben. Das halte ich für ganz unnöthig, da dieser Abschnitt in Sachs' Geschichte der Botanik eine vortreffliche Bearbeitung gefunden hat. Aus der Geschichte habe ich nur das herausgehoben, was mit der Anwendung des Wortes Zelle und mit der Herausgestaltung des heute in der Botanik üblichen Zellenbegriffes, — man sollte eigentlich sagen der beiden Zellenbegriffe — zusammenhängt. Diese Entwickelung ist nicht unmittelbar aus der Geschichte abzulesen, weshalb ich die hier gegebenen Nachweise nicht für überflüssig halte. Ich will hervorheben, dass die Untersuchung ergiebt, dass es ein unhistorisches Verfahren wäre, die Bezeichnung Zelle ganz aufzugeben, ganz abgesehen davon, dass eine ausserordentliche Schwierigkeit in ferneren Zeiten erwachsen könnte, wenn ein die Litteratur bis heute beherrschendes Wort auf einmal verschwände.

Aber es ist nicht blos unhistorisch, sondern ein Verstoss gegen die Logik, den heute in der Botanik immer mehr zum

Anklang gelangten, von den Zootomen ohne Zwang übernommenen Begriff der Zelle, als eines individualisirten Protoplasmakörpers, beizubehalten. Diese Definition hat sich in der Entwickelung der Botanik nicht zwingend ergeben, sie entsprang mehr der Bequemlichkeit, an Stelle des eigenen Gedankens, das von Anderen Dargebotene anzunehmen. Und das Resultat ist, dass Begriff und Thatsachen sich entweder in schlimmster Weise bekämpfen, oder dass dasselbe Ding, die Zelle, gar zweierlei Bedeutungen hat. Dieser Zustand ist unhaltbar. Sollten diese Aufzeichnungen zu seiner Besserung beitragen, so sind sie nicht umsonst gemacht.

Zur Geschichte und Kritik des Zellenbegriffes in der Botanik.

I. Die Zelle als anatomisches Element.

Als Robert Hooke 1667 die Pflanzengewebe mit den Zellen einer Honigwabe verglich, handelte es sich nicht um die Bildung einer wissenschaftlichen Vorstellung, sondern um ein höchst einfaches Gleichniss. Hooke beschreibt in seiner Micrographia von 1667, in der 18. Beobachtung p. 112 das mikroskopische Aussehen eines Schnittes durch gewöhnlichen Flaschenkork unter der Ueberschrift:

Of the Schematisme or Texture of Cork and of the Cells and Pores of some other such frothy Bodies.

(p. 113) „I with the same sharp Penknife cut off from the smooth surface an exceeding thin piece of it and placing it on a black object Plate, because it was itself a white body and casting the light on it, with a deep plano-convex Glass, I could exceeding plainly perceive it to be all perforated and porous, much like a Honey-comb, but that the pores of it were not regular; yet it was not unlike a Honeycomb in these particulars:

First, in that it had a very little solid substance, in comparison of the empty cavity that was contain'd between, as does more manifestly appear by the Figure A and B of the XI Scheme*), for the interstitia or walls (as I may so call them) or partitions of those pores were near as thin in proportion to their pores, as those thin films of Wax in a Honey-comb (which enclose and constitute the sexangular cells) are to theirs.

Next, in that these pores or cells, were not very deep but consisted of a great many little Boxes, separated out of one continued long pore, by certain Diaphragms, as is visible by the Figure B, which represents a sight af those pores split the longways."

Das sind die Worte, mit denen der erste Beobachter von Pflanzenzellen das Phänomen schildert und es ist kein Zweifel, dass Hooke thatsächlich zum ersten Mal das Bild von Zellgewebe sah. Er behauptet das selbst p. 113 „I no sooner discern'd these (which were the first microscopical pores I ever saw, and perhaps that were ever seen, for I had not met with any Writer or Person that had made any mention of them before this) but me thought I had with the discovery of them presently hinted to me the true and intelligible reason of all the Phaenomena of Cork."

Bis heute hat Niemand Hooke diese Priorität bestritten, und es ist auch ausgeschlossen, etwa einen früheren Beobachter von Zellen noch jetzt zu entdecken.

Man sieht, dass Hooke zur Erleichterung des Verständnisses seiner merkwürdigen Beobachtung blos einen Vergleich mit den Bienenzellen macht und die Motivirung kann nur eine geschickte genannt werden, ebenso wie die Beobachtung selbst. Die beobachteten Poren haben zwar nicht den sechseckigen Umriss der Bienenzellen, aber man kann sie doch vortrefflich mit ihnen vergleichen, denn die Interstitien der Poren, oder wie Hooke sie gleich nennt, die Wände sind ebenso dünn wie die Wachsplättchen in einer Honigwabe und das Verhältniss der festen Wandsubstanz zu den Hohlräumen im Kork ist ganz ähnlich, wie bei

*) Da Hookes Micrographia nicht in allen Bibliotheken vorhanden ist, hielt ich es für nützlich, zur Erläuterung des Textes die dazu gehörige Hookesche Tafel in natürlicher Grösse nachbilden zu lassen.

den Honigzellen. Sehr eigenthümlich ist, dass Hooke aus dem Querschnittsbilde schloss, die beobachteten „Poren“ seien blos die Querschnitte langer, senkrecht abwärts laufender Röhren, aus denen sich der Kork zusammensetze. Aber ein Längsschnitt belehrte ihn, dass diese Poren aus vielen kleinen übereinander stehenden Kammern (many little Boxes) bestehen, die in jeder langen Pore durch das Auftreten von Diaphragmen entständen. Hooke sah also die Längsreihen der Zellen für ebensoviele Porenkanäle an, die aber gekammert wären. Es ist das eine Meinung, die man begreifen kann, wenn sie uns nach der Kenntniss der Zellbildung auch fremdartig erscheint*).

Hookes Ziel war es nicht, pflanzenanatomische Studien zu treiben, er suchte nur mit seinem Mikroskop neue Eigenschaften der Naturkörper zu entdecken, und man erkennt den denkenden Forscher sogleich daran, dass ihm die mikroskopische Structur des Flaschenkorks und die Thatsache, dass die Zellen mit Luft erfüllt seien, sogleich die Erklärung für die merkwürdigen Eigenschaften des Korks, sein geringes specifisches Gewicht, seine Zusammendrückbarkeit u. s. w. an die Hand geben. Während Hooke die Zellen des Korks mit Luft gefüllt fand, beobachtete er, dass sie in anderen Vegetabilien, in deren Theilen er einen ganz ähnlichen Bau feststellen konnte, die Zellen mit Säften (juices) erfüllt seien.

Da Hookes Beobachtungen in der Geschichte der Botanik nur mit wenigen Worten berührt werden, und die Micrographie nicht überall vorhanden ist, so möge auch hier sein eigener Text angeführt werden.

„Nor is this kind of Texture peculiar to the Cork onely; for upon examination with my Microscope, I have found that the pith of an Elder, or almost any other Tree, the inner pulp or

*) Zu dem von Hooke angewendeten Worte Cell ist zu bemerken, dass die Alten die Bienenzelle als Cella bezeichneten. Virgil, Georgica 4,163—164: — (apes) aliae purissima mella — Stipant et liquido distendunt nectare cellas. Plinius, naturalis historia 11, 29 Sexangulae omnes cellae a singulorum pedum opere. Ferner: melle uno alterove summum die cellas replent.

pith af the Cany hollow stalks of several other Vegetables: as of Fennel, Carrets, Daucus, Bur-docks, Teasels, Fearn some kinds of Reeds etc. have much such a kind of schematisme, as I have lately shewn that of Cork, save only that here the pores are rang'd the long-ways, or the same ways with the length of the Cane, whereas in Cork they are transverse."

Hooke erklärt die Zellen für völlig geschlossen und konnte keine Oeffnungen in ihren Häuten entdecken, so sehr er danach suchte. Er setzte nämlich Oeffnungen in den Zellen voraus, da doch der Nahrungssaft der Pflanzen die Zellen passiren müsse und er meint, später würde man wohl mit besseren Mikroskopen dergleichen entdecken:

„But though I could not with my Mikroskope, nor with my breath (H. versuchte, ob man durch Kork Luft blasen könne) nor any other way I have yet try'd, discover a passage out of one of those cavities into another, yet I cannot thence conclude, that therefore there are none such, by which the Succus nutritivus, or appropriate juices of Vegetables, may pass through them; for in several af those Vegetables, whil 'st green, I have with my Microscope, plainly enough discover'd these Cells or Pores filled with juices, and by degrees sweating these out: as I have also observed in green Wood all those long microscopical pores, which appear in Charcoal perfectly empty of any thing but Air.

Hooke hat, wenn er auch kein Pflanzenanatom war, wie man sieht, doch schon einigermassen vielseitigere Beobachtungen über Pflanzenzellen gemacht, als man das aus den Angaben in Sachs' Geschichte der Botanik schliessen kann. Hookes Mittheilungen ragen trotz ihrer Unvollkommenheit über manche andere Anfänge in der Wissenschaft dadurch hervor, und es befriedigt noch heute in hohem Masse, dass er seine Beobachtungen denkend befruchtet.

Obgleich wir nun von diesem Autor das heute täglich gebrauchte und unentbehrlich gewordene Wort Zelle übernommen haben und man in vielen historischen Uebersichten liesst, unsere

Bezeichnung Zelle stamme von R. Hooke*), so ist es nicht uninteressant zu sehen, dass von einer Einführung dieses Wortes durch Hooke in die Wissenschaft, doch eigentlich keine Rede sein kann.

Sehen wir uns zur Begründung bei den ersten Pflanzenanatomen um.

Grew, den man mit vollem Rechte als den Begründer der Pflanzenanatomie, als den ersten Fachgelehrten auf diesem Gebiete, im modernen Sinne des Wortes bezeichnen kann, dessen umfangreiches, im Inhalt umfassendes, mit zahlreichen, technisch vortrefflich ausgeführten Kupfertafeln geschmücktes Werk als Muster eines Handbuches über Pflanzenanatomie gelten kann, wendet das Wort Zelle nicht allgemein, sondern nur ganz ausnahmsweise an, obgleich er sich in seinem grundlegenden Werke über die Anatomie der Pflanzen von 1671 mehrfach auf Hooke mikroskopische Beobachtungen bezieht. Grew beschreibt das Parenchym der Bohnencotyledonen und sagt, das Gewebe sei zusammengesetzt aus Blasen (an infinite number of extreme small Bladders).

Bei der Anatomie der Wurzel vergleicht Grew das Parenchym mit der Structur eines Schwammes: „The Contexture of this Parenchyma may be well illustrated by that of a sponge, being a Body Porous, Dilative and Pliable. Its Pores as they are innumerable, so extream small. These Pores are not only susceptive of so much Moisture, as to fill, but also to enlarge themselves and so to dilate the Cortical Body, wherein they are; which by the shriv' ling in thereof, upon its being expos'd to the Air, is also seen. In which dilatation, many of its Parts becoming more lax and distant and none of them suffering a solution

*) Sachs, Gesch. d. Botanik p. 247 (Hooke), jenen Poren giebt er den Namen, den sie noch jetzt führen, er nennt sie Zellen. Darapsky, Gesch. der Zellentheorie. 1880: Der Name Zelle stammt von Robert Hooke her. Zimmermann, Pflanzenzelle p. 498: Diese Bezeichnungsweise, die schon im Jahre 1667 von Robert Hooke eingeführt wurde.“

of their continuity; 'tis a Body also sufficiently pliable; that is to say, a most exquisitely finewrought Sponge*).

Auch weiter ist im ersten Buche bei der Anatomie des Stammes nur von Pores die Rede, neben fibres und vessels für die Elemente der Fibrovasalstränge (p. 19 u. ff.), obgleich auch hier Hooke p. 20 citirt wird. Im zweiten Buche wird bei der Wurzelanatomie wieder die Bezeichnung Bladders für die Parenchymzellen gewählt. Erst auf Seite 64 im zweiten Buche der Anatomy findet man den Ausdruck „Cell". Es heisst in § 3 und 4: „It (the barque of roots) is compounded of two Bodies. The one Parenchymous Continoous throughout; yet somewhat Pliable without a solution of its Continuity. Exceeding Porous; as appeareth from its so much shrinking up in drying. The Pores hereof are extended much alike both by the length and bredth of the Root, therefore it shrinketh up, by both those Dimensions, more equally. And they are very Dilative; as is also manifest from its restorableness to its former bulk again upon its infusion in water; that in to say it is a most curious and exquisitely fine wrought Sponge Thus much the Eye and Reason may discover.

§ 4. The Mikroskope confirme the truth hereof and more precisely shews that these Pores all, in a manner, Spherical, in most Plants; and this Part an infinite Mass of little Cells or Bladders. The sides of none of them are Visibly pervious from one into another; but each is bounded within itself. So that the Parenchyma of the Barque, is much the same thing, as to its Conformation, which the Froth of Beer or Eggs is, as a fluid, or a piece of fine Manchet, as a fixer Body".

Grew sieht hier von dem Vergleiche des Zellgewebes mit Bienenzellen von Hooke ganz ab und zieht es vor, die Structur der Pflanzensubstanz mit schaumigen Stoffen, Bier- und Eierschaum oder mit feinem Brodteige zu vergleichen. Hookes „Zelle" wird nur mit Grews eigenem Terminus Bladders zusammen benutzt,

*) Anatomy of Plants Book I. p. 11. Grews Orthographie habe ich beibehalten.

welcher dann auch ausschliesslich im Texte bis p. 96 beibehalten wird. Im dritten Buche p. 107 bei der Stammanatomie findet sich ausnahmsweise auch das Wort Vesikle: The skin is generally composed in part of very smale Vesikles or Bladders cluther'd together. Das Wort Zelle kommt nur noch im vierten Buche p. 180 § 7 vor, bei der Beschreibung des Gewebes der Limone, wo aber der Ausdruck für die Oelbehälter irrthümlich angewendet wird. „Those little Cells, which contein the Essential Oil of the fruit and stand near the surface of the Rind are some of the laid Bladders much neer dilated.

Es ist völlig verständlich, dass Grew, der offenbar auf den Vergleich von Hooke keinen Werth legt, oder diesen Vergleich mit Bienenzellen gar für falsch hielt, auch das Wort Zelle nicht annimmt, da es mit diesem Vergleich eng zusammenhängt. Nur ein einziges Mal in dem ganzen umfangreichen Buche werden die Pflanzenzellen mit Bienenzellen verglichen, aber nur um für ihr Grössenverhältniss einen Massstab zu besitzen.

Drittes Buch p. 119. „And of many Herbs, as of Thistle Borage and others, three times as big again, appearing in the Microscope like the largest Cells of a Honey-comb, Those of plum, Worm-Wood, Sumach less, of Elm, Apple, Pear lesser, of Holly and Oak still less."

Soviel über den Wortgebrauch in Grews erstem pflanzenanatomischen Werke.

Durch seine umfassenden Beobachtungen war es ganz offenbar und unterlag auch keinem Zweifel mehr, dass sich die Pflanzentheile nicht aus homogener Substanz, sondern aus diesen zahllosen Bläschen oder Zellen aufbauten und wenn man zunächst auch eine Zerlegung in diese Bausteine weder in Gedanken noch methodisch vornahm, so musste sich ganz von selbst die Aufmerksamkeit schon auf das Element der Structur, auf die einzelne Zelle richten und eine Begriffsbildung mit der Beobachtung Hand in Hand gehen. Wir bemerken auch sogleich in Grews Anatomie, seine Bemühungen sich von der einzelnen Zelle eine bestimmte Vorstellung zu machen.

Die Vorstellung, welche Grew von den Elementen des von ihm so benannten saftigen Parenchyms hatte, ist die, von durch eine Membran völlig abgeschlossenen und mit Flüssigkeit erfüllten Hohlräumen. Er erörtert das unter anderem auf Seite 64. They are the Receptacles of Liquor, which is ever lucid; and I think always more Thin or Watery. They are in all Seed-Roots filled herewith and usually in those also which are well grown, as of Borage, Radiss etc.

Freilich geht damit bezüglich der Membran selbst die falsche Vorstellung Hand in Hand, dass diese aus feinen mit einander verflochtenen Fasern zusammengesetzt sei. Aber jedenfalls ist die Vorstellung von der Zelle bei Grew eine feste und gleichbleibende. Die Zelle ist eine geschlossene, mit Flüssigkeit erfüllte Blase. Um so mehr ist zu verwundern, dass Grew nicht eine einheitliche Benennung vorzieht, namentlich ist das von ihm neben den anderen vielfach gebrauchte Wort Pore mit seinen Vorstellungen unvereinbar, denn Pore bezeichnet eben doch eine Oeffnung.

Der berühmte Genosse Grews in der Zeit und auf dem neuen Arbeitsfelde, Marcello Malpighi, benutzt in seiner 1675 gedruckten Anatome plantarum das Wort Zelle überhaupt nicht. Bei ihm heisst die Zelle utriculus. Z. B. p. 2 der anatomes plantarum idea bei der Stammanatomie: Exterior etenim cuticula utriculis seu sacculis horizontali ordine locatis, ita ut annulus efformetur, componitur, qui ambientis rigiditate et senescentis aetatis vitio deplentur et in seipsos collapsi aridam interdum epidermidem efficiunt.

Von den übrigen Geweben heisst es (im Auszuge): Liber fibris ligneis reticulariter se invicem amplexantibus constat. Lignea portio potissimum fibris seu fistulis in longum ductis excitatur, quae reticulatem plexum efformant. Inter fibrosos seu fistulosos fasciculos locantur spirales fistulae numero tamen minores, licet mole majores ita ut patenti ore in sectis caudicibus hient.

In interiori caudicis regione Medulla conditur, in quibusdam arboribus et in singulis tenellis surculis. Haec globulorum multiplici ordine per longum locatorum constat, qui membranosi utriculi sunt.

Auf die Form und Art der einzelnen Zelle geht Malpighi viel weniger ein als Grew.

Es ist bekannt, wie wenig Grews gewichtige Arbeit, wie wenig Malpighi's genialer Entwurf und seine folgende Ausarbeitung, treibende Ursachen für das Aufblühen einer Pflanzenanatomie wurden. Als einsam hochragende Marksteine bezeichnen diese Werke das noch über hundert Jahre brach liegende Feld der Phytotomie. Die Zeit war noch nicht da, wo, wie heutzutage einem neu eröffneten Gebiete der Wissenschaft zahlreiche Arbeitskräfte zuströmen. Grews Werk, von echt naturwissenschaftlichem Geiste durchweht, fand nicht die nöthigen Intelligenzen in ausreichender Menge vor, zu denen es mit Erfolg hätte reden können. Das war offenbar der Grund der geringen Bewegung die es verursachte, viel weniger können die kümmerlichen Mikroskope damaliger Zeit allein verantwortlich gemacht werden.

Der deutsche Geist, welcher später in erster Linie die Zellenlehre zu neuem Aufschwung und zur Vollendung brachte, hatte sich noch nicht von der Liebe zur Natur zur wahren Naturwissenschaft durchgerungen und namentlich war von einer Specialisirung der Pflanzenanatomie noch lange nicht die Rede. Wie dürftig nehmen sich neben Grews klassischem Werke aus die „Allerhand nützlichen Versuche, dadurch zu genauerer Erkenntniss der Natur und Kunst der Weg gebahnet wird, denen Liebhabern der Wahrheit mitgetheilt von Christian Wolffen“ — einem der wenigen Bücher damaliger Zeit, in denen auch einige pflanzenanatomische Beobachtungen niedergelegt sind. Wolffs fleissige und mit naturwissenschaftlichem Sinn angestellten mikroskopischen Beobachtungen sind doch noch ganz im Stile Leeuwenhoeks. Es handelt sich nicht darum mit dem Mikroskop eine zusammenhängende Wissenschaft zu begründen, sondern allerlei Merkwürdiges ohne rechten Zusammenhang zu beobachten. Wie denn auch Wolff in dem oben genannten, 1822 erschienenen dreibändigen Werk seine pflanzenanatomischen Beobachtungen zusammen mit anderen Dingen in einem Kapitel mittheilt, welches die Ueberschrift hat: „Von dem was die Vergrösserungsgläser zeigen“. Wolff untersuchte mit gewissenhafter Methodik meist unter Benutzung eines einfachen Mikroskops das Roggenkorn, das Fleisch der Kirsche, den Kirschsamen, Blätter und Anderes und suchte von dem durch Grew aufgedeckten inneren Bau der Pflanzenorgane Einiges zu entdecken. Auf die einzelnen Beobachtungen einzugehen, liegt nicht in der Absicht dieser Abhandlung. Ich hebe nur hervor, dass Wolff das Wort Zelle nirgends anwendet, sondern bei seinen Beobachtungen sagt, dass die kleinen Körner, Küglein oder Körperlein, welche man in den Pflanzentheilen antreffe und woraus sie zum grössten Theil beständen, das sei, was die Autoren über Pflanzenanatomie utriculus zu nennen pflegten (Nützliche Versuche III. Theil p. 405 2. Aufl.). Auch in dem anderen Buche „Vernünftige Gedanken von den Wirkungen der Natur 1723 (3. Aufl. 1734) wird p. 620 ganz dasselbe gesagt. Die Vorstellung von der Zelle ist freilich nicht im Mindesten gefördert, da das Zellgewebe der Rinde als eine schwammigte Materie bezeichnet wird, sowie das Mesophyll der Blätter als bläsigte Materie.

Von einer Bedeutung Wolffs für die Entwickelung der Zellenlehre ist also keine Rede. Es handelt sich auch hier nur darum ihn zu berühren, um den Weg der dauernden Einführung des Wortes Zelle nicht aus dem Auge zu verlieren.

Es ist nun ganz klar, dass den damaligen Vorstellungen von der Pflanzenzelle als einer dünnhäutigen, mit Flüssigkeit erfüllten Blase das Wort utriculus auch viel besser entsprach als Hookes cella. Mit dem Worte cella verbindet man zunächst den Begriff eines von starren Wänden umgebenen Hohlraumes, was auch bei den Bienenzellen trotz der Zartheit der Wände noch zutrifft. Für die Pflanzenzellen mit ihrer Kugelform und ihren biegsamen, weichen Häuten erschien das Wort cella kaum bezeichnend genug, und so erscheint das Fallenlassen von Hookes Vergleich ganz begreiflich. Bemerkenswerth ist es nun, dass die Wiedereinführung des Wortes Zelle in die Pflanzenanatomie zusammenfällt mit wiederkehrenden falschen Vorstellungen über das Structurelement der Pflanzensubstanz.

Nach Wolff, von 1740 an, treten über den Bau des Zellgewebes Ansichten auf, die nur durch die Vernachlässigung des Studiums von Grews Anatomie verständlich werden. Diese Vorstellungen beruhten auf den ungenauen eigenen Beobachtungen dieser Autoren.

C. F. Ludwig, Professor in Leipzig, lässt die Vorstellung, von einer Zusammensetzung des Pflanzengewebes aus geschlossenen Bläschen ganz fallen und giebt an, das Pflanzengewebe bestehe aus Platten oder Häuten, die so mit einander verbunden seien, dem kleine Höhlungen oder Zellchen entständen, die nicht selten durch Hinzutreten feiner Fäden netzartig angeordnet würden. Es sei dasselbe, was Malpighi und andere als Schläuche bezeichneten, da es in manchen Pflanzentheilen in Form von mit einander verbundenen Bläschenreihen erscheine.

Ludwig, Institutiones regni vegitabilis 1442, p. 141:

Laminae seu pelliculae membranaceae ita inter se connexae, ut cavernulas et cellulas intermedias minores forment, et non raro filamentorum minimorum interventu reticulatim disponantur, contextum cellulosum constituunt, quem per omnes partes plantae distributum comprehendimus. Posset etiam cellulare et reticulare opus dici. Idem est, quod Malpighius et alii utriculos appellant, quoniam in variis partibus tanquam series vesicularum, inter se invicem connexarum, apparet. Contextum cellulosum tamen appellare placuit, quoniam structura sua cum contextu cellulari, in animalibus deprehenso, convenit.

Boehmer äussert sich in seiner Dissertatio de contextu celluloso vegetabilium 1785 ähnlich: albidae, elasticaeque, nunc crassiores, nunc subtiliores fibrae atque fila, inter se nexa, variae figurae et magnitudinis cava seu cellulas, sive cavernulas efformantia, contextus cellulosi nomine insigniri solent.

Auch hier ist, schon wegen der allgemeinen Anwendung des bisher weniger üblichen Wortes Zellgewebe, das Element-

welches die Organmasse zusammensetzt, Zelle genannt. Den Vorstellungen, welche diese Autoren von dem feineren Bau der Pflanze hatten, entsprach die Bezeichnung der Zwischenräume zwischen den trennenden Häuten als Zellen offenbar auch besser als das alte Wort utriculus. Man kann nicht verkennen, dass Grew und Malpighi, wenn sie auch von einem Inhalt der Zellen sprechen, doch zunächst die umschliessende Membran als das ansahen, was den utriculus eigentlich ausmache. Jetzt aber tritt ein Moment in die Beurtheilung ein, welches immer mehr Gewicht erhalten sollte. Man sieht nicht nur die Membranen, sondern legt den Nachdruck auf die von ihnen gebildeten Hohlräume, ganz abgesehen noch von einem gleichartigen Inhalt. In diesem Sinne war das Wort cella entschieden dem was man meinte, angepasster als utriculus, welches Wort denn auch gegen Ende des 18. Jahrhunderts immer mehr verschwindet. Es taucht nur noch gelegentlich später, sogar bei Mohl, aber nur in Klammern, noch wieder auf.

Von Autoren der hier herangezogenen Zeit hat auch Caspar Friedrich Wolff, in seiner „theoria generationis" von 1759, neben der vesicula den Ausdruck cellula und mit dem neuen Saeculum ist dieser der allgemein übliche geworden. Und mit Recht. Utriculus oder die beliebteste Verdeutschung Bläschen erweckte viel zu allgemeine Vorstellungen, um auf die ganz besondere Erscheinungsform der Pflanzenzelle übertragen zu werden. Die Zelle ist eben eine ganz besondere Art von Bläschen und indem man dafür das Wort Zelle setzte, war damit ein echter wissenschaftlicher Terminus geschaffen, bei dem man nicht mehr an ein beliebiges Bläschen, sondern an etwas ganz Bestimmtes dachte. Durch die Vertauschung des ursprünglichen cella mit den Diminutivum cellula war auch jede Beziehung zu den Bienenzellen und dem falschen Vergleich damit abgebrochen. Es dachte auch damals Niemand mehr ernstlich an diesen Vergleich, sondern die Bezeichnung cellula rief wie heute die ganz bestimmte Vorstellung der Pflanzenzelle unmittelbar hervor.

Ich kann in der Annahme des Wortes Zelle nur das Resultat ganz logischer Entwickelung sehen und mich dem landläufigen, oft wiederholten Satze nicht anschliessen, cellula heisse eigentlich Kämmerchen und seine Anwendung in der Pflanzenanatomie habe gar keinen Sinn, man müsse eben für den mangelnden Scharfblick der Vorväter büssen und das Wort weiterführen. Mir erscheint dieser nicht ganz kurze Entwicklungsgang, den die blosse Bezeichnung der Pflanzenzelle durchgemacht, weder unlogisch noch uninteressant. Es war entschieden ein Vortheil, dass die Phytotomie beim Beginn ihrer neuen Entwickelung seit Grew, mit dem 19. Jahrhundert sich gleich dieser einheitlichen Bezeichnungsweise immer mehr zuneigte. Sie war offenbar die Vorbedingung für eine feste Begriffsbildung, denn wenn der eine ein Ding utriculus, der andere vesicula, oder sacculus, oder bulla, oder Bläschen und Kügelein nannte, dann war das Studium eines solchen vielnamigen Objectes schon von vornherein mit Widersprüchen bedroht.

Die Zeit von 1800—1840 war eine für den Fortschritt der Zellenlehre höchst bedeutende, insofern die Phytotomie durch die besseren Mikroskope mit zureichenderen Hilfsmitteln ausgestattet, nicht nur eine grössere Menge ganz neuer Thatsachen, sondern auch solche von grösserer Sicherheit zu Tage förderte. Die blossen Meinungen und Ansichten kamen ins Gedränge und wurden mehr und mehr durch die gesicherte Beobachtung aus dem Felde geschlagen.

Sprengel, Treviranus, Link, Moldenhawer, Meyen und endlich Hugo von Mohl waren es, die die Natur des pflanzlichen Zellgewebes und seiner Elemente durch zum Theil vorzügliche Beobachtungen festzustellen suchten. War im Anfang der Geist dieser Forschung noch ein naiver, so drang er doch mit mächtigen Schritten zum Ernste grösster Exactheit durch, und der Abstand zwischen Sprengel-Treviranus und Mohl ist durch die relative Schnelligkeit dieses Fortschrittes ein sehr auffallender. Treviranus, damals noch Arzt in Bremen, tritt mit einer heute kaum mehr möglichen Naivität in seiner Schrift „vom inwendigen Bau der Gewächse 1806“ an den Gegenstand heran. Er hatte nicht einmal Grews vollständiges Werk zur Hand gehabt, ebenso wenig die phytotomischen Arbeiten seiner Zeitgenossen Moldenhawer, Duhamel u. s. w. Er meint auch, dass es gegen seine Schrift wohl ein ungünstiges Vorurtheil erwecken könne, dass er sich kaum zwei Jahre mit dem inneren Bau der höheren Pflanzen beschäftigt habe, was, wie er ungemein vertrauensvoll äussert, „nur ein Fünftel der Zeit ist, die erforderlich sein dürfte, um zu einer erschöpfenden Kenntniss des Gegenstandes zu gelangen“.

Seit Treviranus ist fast ein Jahrhundert verflossen, hunderte von Forschern haben unablässig sich mit dem Gegenstande befasst, ohne die geringste Aussicht auf eine baldige erschöpfende Kenntniss.

Ein Hauptpunkt bei der weiteren Gestaltung der Wissenschaft war, dass man nicht mehr wie Hooke, Leeuwenhoek und Wolff gelegentlich ein pflanzliches Object vornahm, sondern dass sich eine Fachwissenschaft gebildet hatte, dass die Beobachter Botaniker waren, oder es wenigstens wurden. Hier musste die Beobachtung gleich umfassender werden, man sah nicht blos ein Stück Kork oder Hollundermark an, sondern orientirte sich über die Art des Zellgewebes im ganzen Pflanzenreich.

Es ist nun wohl von Bedeutung, an diesen Beobachtungen besonders hervorzuheben, dass jene Anatomen immer zuerst vom Zellgewebe nnd nicht von den Zellen sprechen.

Treviranus sagt l. c. p. 1. „Von dem, das allen Theilen den Ursprung giebt, wird die Untersuchung ausgehen müssen. Dieses ist der zellige Stoff, mit einem minder passenden Namen Zellgewebe genannt. Ueber das Daseyn desselben in den Pflanzen kann kein Streit sein“.

„Vorzüglich bemerket man es in jüngeren Pflanzentheilen als eine gleichförmige Zusammenhäufung halbdurchsichtiger Blasen, welche in einem gewissen Grade unter einander zusammenhängen und einer äusseren Gewalt, welche sie zu trennen bemüht ist, einen obgleich sehr geringen Widerstand entgegensetzen. Diese Art der Zusammensetzung des Zellstoffes lässt sich nicht verkennen. Jene Blasen nennt Malpighi Schläuche (utriculos).“

Eines musste sich nun bald aus den vielseitigeren Beobachtungen ergeben, dass nämlich das Zellgewebe nicht immer und überall aus blasenförmigen Zellen bestehe, sondern dass das nur in jüngeren Geweben und in weichen, saftigen Pflanzentheilen der Fall ist, dass dagegen anderswo namentlich Fasern und die auffallend gebauten Spiral- und punktirten Gefässe in Menge vorkommen, wie das schon Malpighi und Grew angegeben hatten.

Zwar hatte Treviranus, an Sprengels*) Angaben anknüpfend, dass die Rindenzellen nach den eigentlichen Holzlagen zu dichter und gestreckter werden und endlich in die Bastfasern übergehen, die Meinung ausgesprochen, dass diese Fasern durch Streckung der Bläschen entstünden und auch in Bezug auf die Entstehung der Gefässe aus Zellen durch Beobachtung und Vermuthung das Richtige gestreift **). Aber das waren doch nur Keime. Niemand hatte doch den Zusammenhang der Fasern und Gefässe mit den Zellen bestimmt nachgewiesen, und Meyen unterscheidet noch in seiner Phytotomie 1830 p. 47 ganz bestimmt die Zellen von jenen.

„§ 14. Die Elementarorgane der Pflanzen sind: Zellen, Spiralröhren und Gefässe.“

Für ihn giebt es also dreierlei Elementarorgane, die zu drei verschiedenen Systemen zusammentreten, zum System der Zellen, der Spiralröhren und zum Gefässsystem. Die Spiralgefässe hielt er für durch Zusammenwinden einer freien Spiralfaser entstandene Röhren, um die sich erst später eine Haut bilde (p. 225); die Tüpfelgefässe gehen dagegen nach Meyen auch nicht aus Zellen hervor, wie wir heute wissen, sondern „die Beobachtungen beweisen ganz positiv, dass die punktirten Spiralröhren (d. h. die getüpfelten Gefässe) aus den einfachen entstehen.“ Meyen fügt p. 256 hinzu, dass gegen die Entstehung dieser Gebilde aus den einfachen Spiralröhren durch Metamorphose aufgetreten sind, Mirbel, Bernhardi, Treviranus und Schultz, die Ansichten dieser Autoren über diesen Gegenstand seien aber nur noch historisch wichtig, da die Metamorphose dieser Organe jetzt ausser allem Zweifel gestellt sei.

*) Sprengel, Anleitung zur Kenntniss der Gewächse. I. Theil. p. 180.

**) Treviranus. Vom inwendigen Bau der Gewächse. p. 26 und p. 81

Ich führe diese Aussprüche des hervorragendsten, d. h. angesehendsten Phytotomen jener Zeit an, da man in diesen noch 1830 geäusserten Ansichten brauchbare Anhaltspunkte für eine richtige Würdigung Mohls erblicken muss.

Der wahre Sachverhalt wurde erst durch Mohls Untersuchungen von 1831 bis 1842 klargelegt *). Es bedarf dies aber eines ausführlichen historischen Nachweises.

Sachs sagt in seiner „Geschichte der Botanik“ 1875 p. 292 und 293: Treviranus habe durch Beobachtung nachgewiesen, dass die Gefässe durch Verschmelzung von Zellen entstehen. Ob Sachs auf diesen Satz grossen Werth gelegt hat, weiss ich nicht, glaubte es aber um so weniger, als er in seinen Vorträgen über Geschichte der Botanik stets Mohl diese Entdeckung ungeschmälert zuschrieb, und als auch in der durch Sachs veranlassten Dissertation von L. Darapsky, „Zur Geschichte der Zellentheorie“ 1880, p. 17, Treviranus in diesem Sinne nicht genannt ist. Ich könnte den eben erwähnten Satze von Sachs um so weniger vertheidigen, als O. Hertwig in seinem vorzüglichen Buche „die Zelle und die Gewebe“ noch bestimmter angiebt, Treviranus habe an jungen Pflanzentheilen den Nachweiss geführt, dass die Gefässe aus Zellen hervorgehen und Mohl habe das nur durch eine Nachuntersuchung bestätigt. Durch eine solche Auffassung wird man der in der Geschichte der Phytotomie epochemachenden Entdeckung Mohls, die den einheitlichen Ursprung aller anatomischen Elemente aufdeckte, nicht gerecht. Es handelte sich bei Mohl um eine ausführlich angestellte, abgerundet dargelegte mikroskopische Untersuchung, wodurch die wahre Thatsache für immer festgestellt wurde, dass alle Elemente des Pflanzenkörpers aus Zellen entstehen, so verschieden sie auch später aussehen. DasVerdienst ist um so grösser, als trotz der Andeutungen der zu lösenden Frage bei Sprengel (l .c. p. 106) und bei Treviranus, doch keiner der zeitgenössischen Phytotomen diese Frage aufnahm. Sprengel selbst und mit ihm seine Nach-

*) Mohl, de palmarum structura in Martius' genera et species palmarum, in Mohl's vermischten Schriften 1845 als Uebersetzung mitgetheilt.

folger halten an der falschen Lehre von der Metamorphose der Gefässe aus einander fest. Auch die von Sprengel selbst beobachtete Gliederung der Gefässe führte ihn, wie Andere, nur zu der falschen Erklärung durch eine Zusammenziehung der Gefässe an diesen Stellen. Treviranus hat in seiner Schrift „vom inwendigen Bau der Gewächse" p. 83 seine eigenen Ansichten und Beobachtungen mitgetheilt, die dahin gehen, „die Gefässe sind in ihrem ersten Ursprunge schlauchförmige Fasern mit einer halbdurchsichtigen Körnermasse erfüllt, also wurmförmige Körper: aber in der Art der Zusammensetzung, im blossen Mangel an Erweiterung um punktirte Gefässe zu sein und dadurch, dass sie öfters auf einer Seite schon in wahre punktirte Gefässe übergegangen, geben sie deutlich zu erkennen, dass sie die Anfänge derselben waren. In krautartigen Pflanzentheilen ist der Anfang der punktirten Röhren, wie der übrigen grossen Gefässe, viel schwerer zu erkennen, weil hier alles zu gallertartig, klein und durchsichtig ist; doch dünkt mich nicht selten in jungen Schösslingen von Bäumen und Sträuchern dieselben im ersten Frühjahre gesehen zu haben. Um nun den weiteren Verlauf zu erzählen, so dehnen diese Körper, nachdem sie in eine grade, fortlaufende Kette sich an einandergesetzet, sich aus und die Ungleichheiten, welche aus dem schiefen Ansatze derselben entstehen, verschwinden allmählig, die Punkte des Ansatzes aber bleiben durch die schiefen Querstriche, die man an den punktirten Röhren wahrnimmt, angedeutet. Die Scheidewände, welche an eben dieser Stelle der Natur der Sache nach ursprünglich vorhanden sein müssen, verschwinden vermuthlich durch eben diese Ausdehnung und die Höhle wird völlig gangbar." Wenn man nun hinzunimmt, dass Treviranus l. c. p. 82 im Anschluss an Bernhardi die Gefässe auf diese Weise aus Bastfasern entstehen lässt, so glaube ich nicht, dass man Mohl's Arbeit als blosse Nachuntersuchung bezeichnen darf. Mohl selbst, der in der Behandlung der Litteratur eine so ungemeine Gewissenhaftigkeit an den Tag legt, citirt in den „vermischten Schriften" p. 273 Treviranus als denjenigen, der die Zusammensetzung der Gefässe aus Schläuchen zuerst erkannte, die Gefässschläuche für umgewandelte Holzzellen hielt und vermuthete, dass an der Stelle der Querbänder Scheidewände liegen, welche später verschwinden. Ich kann auch diese Angaben nicht so übersetzen, dass Treviranus die Entstehung der Gefässe aus Zellen bewiesen habe, sondern finde diesen Nachweis erst in den Abhandlungen Mohls „de palmarum structura“, „Ueber den Bau der getüpfelten Gefässe 1842“, Verm. Schr. p. 282 und „Ueber den Bau der Ringgefässe“ 1859. Verm. Schr. p. 292. „In seinen Grundzügen der Anatomie und Physiologie der vegetabilischen Zelle“ 1851 sagt Mohl ganz bestimmt selbst p. 10. „Noch weit weniger wurden von den früheren Phytotomen die wahren Verhältnisse der Gefässe erkannt und ich glaube, der Erste gewesen zu sein, welcher ihre Entstehung aus Röhren geschlossener Zellen erkannte.“

Indem ich diese meine Auffassung von Mohls Verhältniss zu Treviranus als für mich unabänderlich hinstelle, glaube ich noch darauf hinweisen zu müssen, dass der oben erwähnte Satz von Sachs von anderen Stellen seiner Geschichte der Botanik wörtlich widerlegt wird, und zwar was mir massgebend erscheint, zweimal.

Seite 321 sagt Sachs: „Auch war Mohl der erste, wenn man nämlich von den ziemlich unvollkommenen Andeutungen über die Entstehung der Gefässe bei Treviranus absieht, der die Entwickelungsgeschichte der Gefässe feststellte.“

Seite 323: „Als der wahre Begründer des so höchst wichtigen Satzes, dass nicht nur die faserförmigen Elemente des Bastes und Holzes, die man längst als gestreckte Zellen betrachtete, sondern auch die Gefässe des Holzes aus Zellen entstehen, ist Mohl zu betrachten.“

Ich halte mich für berechtigt zur Stütze des eigenen Urtheils auf zwei gleichlautende Sätze mehr Gewicht zu legen, als auf einen widersprechenden, namentlich da mir dieser Widerspruch ganz erklärlich ist. Sachs hat mir mehrfach erzählt, dass er die Geschichte der Botanik, diese hervorragende Leistung, wenn man die kümmerlichen Vorarbeiten Anderer richtig veranschlagt, zur Förderung des ganzen Unternehmens, ziemlich schnell abfassen musste und es ist leicht verständlich, dass an der Hand der Lectüre der Autoren einmal ein Urtheil niedergeschrieben wurde, dessen Verbesserung nachher unterblieb.

Mohl ragt unter den für die Geschichte der botanischen Zellenlehre bedeutungsvollen Forschern so hervor, dass man sagen kann, erst nach den Arbeiten Mohls verknüpfte man in der Botanik mit dem Worte Zelle eine, wenn auch noch nicht vollendete, so doch abgerundete und einstweilen völlig zureichende Vorstellung, zu der ausser ihm noch Unger durch die Beobachtung, dass die Milchröhren auch nichts anderes seien als Zellfusionen, 1838—1840 einen letzten Baustein beitrug.

Bei aller Anerkennung einzelner Leistungen seiner Vorgänger, bei allem Interesse, welches für den Historiker dieses Ringen mit dem Irrthum hat, war alles vor Mohl Berichtete doch ein unvollkommenes, vorwiegend in kritischer Form auftretendes Gemenge von richtigen und falschen Beobachtungen, und mehr oder weniger begründete Meinungen, wodurch der Leser anstatt zu einer festen An- und Einsicht zu gelangen, von einem Zweifel in den andern fallen musste. Mohls Vorgänger hatten ausserdem ihren Geist derartig von der „Spiralröhre" einwickeln lassen, dass sie völlig gefangen in dieser Einseitigkeit, die Zelle allmählig zu vergessen anfingen und daher auch gar nicht auf den wahren Zusammenhang kamen.

In dem für Wagners Handwörterbuch der Physiologie verfassten Abschnitt, „die vegetabilische Zelle" 1851, gab Mohl von der Zelle folgende Erklärung:

Die Grundform der pflanzlichen Elementarorgane ist die, eines ringsum geschlossenen, kugeligen, oder in die Länge gezogenen, aus einer festen Membran bestehenden und eine tropfbare Flüssigkeit enthaltenden Bläschens. Bleibt dasselbe auch nach seiner vollen Ausbildung noch geschlossen, so wird es Zelle, cellula genannt; tritt dagegen eine Reihe von linienförmig an einander gereihten Schläuchen im Laufe ihrer Entwickelung in

Folge von Resorption der Querwände zu einer gegliederten, eine ununterbrochene Höhlung enthaltenden Röhre zusammen, so entsteht dadurch ein zusammengesetztes Elementarorgan, das Gefäss.

Diese Definitionen sind ausserordentlich brauchbar, weil sie der Regel entsprechen. Die Ausnahmen, welche in den membranlosen Schwärmsporen der Algen und Pilze oder den Plasmodien der Myxomyceten in die Erscheinung treten, lagen damals einer Berücksichtigung noch ferner, so dass man sie auch zu Gunsten einer ungestörten Betrachtungsweise hätte übersehen können, wenn man schon mehr von ihnen gewusst hätte. Man könnte recht gut auch heute noch die Sätze Mohls in der Pflanzenanatomie an die Spitze stellen, ohne auf Schwierigkeiten zu stossen, wenn man etwa den Inhalt der Zellen noch als Protoplasma näher bezeichnete. Es ist sogar zweifellos, dass man damit in diesem Kapitel der Botanik weiter käme, als mit der heutigen Definition der Zelle, als eines individualisirten Protoplasmakörpers, da diese Erklärung auf Schritt und Tritt mit anatomischen Thatsachen in Streit geräth.

Ehe ich auf diesen Punkt ausführlicher eingehe, um zu zeigen, dass die Abweichung von den früheren Ansichten und der Uebergang auf die wesentlich von den Zootomen angeregte moderne Anschauung ein Schritt vom Wege naturgemässen Anschlusses der botanischen Begriffe an die entdeckten Thatsachen war, wird es sich empfehlen, den Umschwung selbst historisch zu verfolgen.

II. Die Zelle als Organismus.

Wir sind heute so an das mikroskopische Sehen gewöhnt, dass, wenn wir ein Organ auch nur mit blossem Auge betrachten, wir gewissermassen in dasselbe hineinblicken und unsere Vorstellung mit mikroskopischen Bildern füllen. Diese Art der Betrachtung hat sich erst durch Gewöhnung entwickelt und war dem Anfang des Jahrhunderts noch fremd. Trotz der Erkenntniss, dass ein Zellgewebe aus vielen Billionen Zellen besteht, liess man doch immer noch in erster Linie den Eindruck der scheinbaren Homogeneïtät auf sich wirken, den Eindruck der Masse, gegenüber dem atomistischen Aufbau. Man liess die Organe zunächst einmal aus Zellgewebe aufgebaut sein. Moldenhawer, dessen hervorragenden Antheil an der Entwickelung der Pflanzenanatomie hervorzuheben, unser Thema keine Gelegenheit giebt, bezeichnete die Körpermasse der Pflanzen als zelllichte Substanz und giebt der Zusammensetzung aus Zellen gewissermassen nur den Werth des Accidentellen.

Die Richtung, welche in der Zellenlehre eingeschlagen war, musste unbedingt von solchen Anschauungen ab und immer mehr einer Concentrirung auf die Beobachtung der einzelnen Zelle zuführen. Das entwickelungsgeschichtliche Studium der Zelle musste den Anatomen immer mehr zum Bewusstsein bringen, dass die Zelle nicht blosses Formelement, nicht blosser Baustein des Pflanzenkörpers sei, sondern dass in ihr die Kräfte walten, deren Wirkungen als Lebenserscheinungen sich geltend machen. Man hatte das rein vergessen und war, obgleich Grew und Malpighi gerade von diesem Gesichtspunkt auf das Ausführlichste die Zelle beobachtet hatten, doch immer tiefer in die rein formale Betrachtung der Pflanzengewebe hineingerathen. Erst bei Meyen im Jahre 1830 tritt es wieder etwas deutlicher hervor, dass das, was die Zellenmembran einschliesst, doch von wesentlicher Bedeutung für das Leben sei, wenn auch seine Andeutungen noch sehr dürftig erscheinen, selbst für die Zeit, in die sie fallen.

Meyen sagt in seiner „Phytotomie" 1830 p. 139: Ueber den Inhalt der Zellen: „Die Zellen sind in der Jugend der Pflanze mit einer wasserhellen, durchsichtigen, farblosen oder gefärbten Flüssigkeit erfüllt, und erst in späteren Zeiten ändert sich der Inhalt derselben. Nach Massgabe des örtlichen Vorkommens und der Determination der Bildungsgesetze erlischt zuweilen die eigentliche Function derselben und, gleichsam abgestorben, werden sie in der Pflanze passiv zurückbehalten. Die Zellen des Markes und der Rinde sterben in vielen Pflanzen zu gewissen Zeiten ab; Veränderung ihres Inhaltes lässt hier auf Veränderung ihrer Function schliessen und diese wiederum auf das allgemeine Absterben derselben. Die wässerige Flüssigkeit, die diese Zellen erfüllte, verdunstet; das darin Gelöste wird condensirt und endlich auf die Zellenmembran niedergeschlagen, nachdem es bis dahin schon vielfache, chemische, vitale Veränderungen erlitten hat; den übrigen Raum der Zelle erfüllt dann nur Luft."

Das ist zwar nichts Bedeutendes, aber der Hinweiss auf Veränderungen im Zellenleben war immerhin ein Schritt von der blossen Anschauung zum tieferen Nachdenken. Meyen interessirte, wie aus seinen Untersuchungen über die Secretbehälter hervorgeht, die Stoffbildung und Umbildung in höherem Maasse wie die meisten anderen Phytotomen und er ist auch der Einzige, der sich in jener Zeit mit dem Inhalt der Zellen etwas ausführlicher beschäftigt. Er beobachtete in den Zellen ausser ihrem flüssigen, zum Theil gefärbten Inhalt, feste geformte Inhaltsbestandtheile, das Amylum, sonstige körnige Ausscheidungen, Krystalle, Bläschen (Vacuolen).

Trotz alledem ist sonderbarer Weise im Allgemeinen in jener Zeit doch immer ausdrücklich nur von einem flüssigen Inhalt der Zellen die Rede, wie denn auch Treviranus in seiner „Physiologie der Gewächse" von 1835 noch sagt: betreffend den Inhalt der Zellen, so ist dieser entweder Saft oder Luft. Diesen einfachen Vorstellungen entsprechen diejenigen von den physiologischen Leistungen der Zellen, bei denen man im Wesentlichen nur an die Ernährungsthätigkeit, d. h. an eine Umarbeitung und Leitung des Nahrungssaftes dachte. Die von Corti 1774 entdeckte Bewegung des „Zellsaftes" in den Zellen von Chara flexilis, die von Treviranus 1807 der gänzlichen Vergessenheit entrissen wurde, und an die sich Beobachtungen Anderer z. B. von Meyen bei Hydrocharis, Stratiotes, Vallisneria etc. anschlossen, wurde zwar als eine Lebenserscheinung angesehen, ohne dass man ihr aber ein hervorragendes Interesse zuwandte.

Die Histologie bot selbst nicht genug Motive, um zu einer erfolgreichen Untersuchung der Einzelzelle zu drängen. Das grössere Interesse an diesem Einzelwesen stieg erst auf mit der Frage nach dessen Herkunft. Die älteren Zellbildungstheorien von Caspar Friedrich Wolff und Mirbel waren eigentlich keine Theorien über die Entwickelung der Zelle gewesen, sondern Theorien über die Entstehung der ganzen Gewebe und erst Schleiden war es, der die Theorie der Entstehung der Zelle aus der Zelle zum ersten Mal consequent in Angriff nahm, wenn auch leider mit absolutem Misserfolge.

Als treibender und befruchtender Geist von höchster Bedeutung in der Geschichte der Botanik, haben seine Untersuchungen über die Zellbildung selbst sich als falsch erwiesen. Zum Theil war das Unglück, da die von ihm gewählten Objecte besonders ungünstige für die Entscheidung der Frage waren, aber es ist doch auch eine gute Portion von Selbstüberschätzung und voreiliger Verallgemeinerung seiner problematischen Beobachtungen ihm zur Last zu legen. Waren doch die mit Schleidens Ansicht unvereinbaren, sicheren Beobachtungen Mohl's über die Zelltheilung von Cladophora, diejenigen von Mirbel über die Entwickelung des Pollens und die von Mohl über die Sporen von Anthoceros (Linnaea 1839) für Schleiden nicht vorhanden (Grundzüge II, p. 461).

Die in den „Beiträgen zur Phytogenesis", welche 1838 in Müllers Archiv erschienen, vorgetragene Zellbildungstheorie Schleidens kommt als solche hier für uns wenig in Betracht. Vielmehr dagegen seine Auffassung von der Zelle, welche er gewissermassen aus dem Gewebeverbande herausnahm, um sie als Individuum in ein helleres Licht zu setzen, eine Auffassung, welche bis heute, wenn auch nicht mehr in dem extremen Sinne Schleidens, von massgebender Bedeutung geblieben ist.

„Jede Zelle heisst es p. 2 der citirten Schrift führt ein zweifaches Leben: ein ganz selbständiges, nur ihrer eigenen Existenz angehöriges und ein anderes, mittelbares, insofern sie integrirender Theil einer Pflanze geworden. Es ist aber leicht einzusehen, dass sowohl für die Pflanzenphysiologie, als auch für die vergleichende Physiologie im Allgemeinen, der Lebensprocess der einzelnen Zellen die allererste, ganz unerlässliche Grundlage bilden muss und daher zuerst ganz besonders die Frage aufgeworfen werden wird, wie entsteht denn eigentlich dieser eigenthümliche kleine Organismus, die Zelle?"

Ich gehe hier auf die Schleiden'sche Theorie der Zellbildung durch allmählige Umwandlung der Zuckerlösung in einer gegebenen Zelle in Gummi oder Pflanzengallerte, aus der sich durch neue chemische Umwandlungen endlich die wirkliche Zellmembran um den Kern der neuen Zelle abschneiden sollte, nicht ein. Diese Theorie selbst hat zur Weiterbildung des Zellenbegriffes nichts beigetragen, wohl aber die damit verknüpfte Beobachtung und der allgemeinere Nachweis eines eigenthümlichen, bis dahin vernachlässigten Bestandtheils der Zelle, des Zellkerns.

Robert Brown hatte (1831) zuerst bei den Orchideen, später auch bei einer grösseren Anzahl anderer Monocotylen und bei einigen Dicotylen den Zellkern entdeckt, und Areola oder nucleus of the cell genannt. Vergeblich sieht man sich aber in den Lehrbüchern der Phytotomie bis auf Schleiden, nach einer Beachtung dieses Zellenbestandtheiles um. Schleiden, der ihn bei zahlreichen Pflanzen nachwies und eingehender beschrieb, erklärte den Zellkern für ein eigenthümliches, dem Anscheine nach ganz allgemeines Elementarorgan der Pflanzen (Phytogenesis p. 3) und belegte ihn mit dem heute aufgegebenen Namen Cytoblastus.

Für die spätere Entwickelung des Zellenbegriffes ist diese Schleiden'sche Entdeckung von hervorragender Bedeutung. War doch zum ersten Mal ein bezeichnendes Merkmal der Zelle vorhanden, welches bisher gefehlt hatte, und welches ihr, die immer noch bloss als ein safterfülltes Bläschen definirt werden konnte, einen charaktervollen Unterschied von einem solchen allgemeinen Gebilde verlieh. Das zeigte sich schon allein dadurch, dass es der Zellkern war, der Schwann zu seiner Entdeckung der Uebereinstimmung der thierischen Gewebe mit dem pflanzlichen führte. Die blosse Bläschennatur der Pflanzenzellen hätten ihn wohl kaum zu diesem wichtigen Ergebnisse geführt.

Zunächst aber war damit in der Botanik noch wenig gewonnen, denn Schleiden selbst konnte noch in seinen „Grundzügen der wissenschaftlichen Botanik" von 1842 die Zelle nicht anders, als entwicklungsgeschichtlich definiren. Sie war nach seiner falschen Meinung eine aus Zucker, Gummi und Schleim, um einen Zellkern sich bildende Blase. Aber wenn diese Blase endlich fertig war, verlor sie wieder jeden Charakter, da Schleiden behauptete, dass der Kern der Zelle oft nach ihrer Entstehung durch Resorption wieder verschwände. Die Zelle hatte bei Schleiden doch noch etwas ganz verzweifelt Abstractes an sich. Man nannte sie mit Vorliebe Elementarorgan. Aber was sollte man sich wohl bei dem unglücklichen Worte denken. Es reichte nur hin, von der Zelle zu reden, nicht sie zu verstehen. Da waren Hookes Bienenzellen oder Grews Bladders beinahe noch besser gewesen, die doch wenigstens durch ein Gleichniss dem armen Intellect zu Hülfe kommen wollten. Es ist gänzlich unhaltbar, wenn man gelegentlich Schleiden als den Begründer der Zellenlehre bezeichnen hört. Was Schleiden geliefert hat konnte, abgesehen davon, dass das Meiste davon in Nichts zerfallen ist, gar keine lebendigere und vollkommenere Vorstellung der Zelle abgeben. Sie war ein Schemen, es fehlte ihr der Körper.

Mohl war es, der ihr erst ihren Körper verlieh durch seine Entdeckung des Protoplasmas.

Man kann Mohls Beobachtung mit Recht eine Entdeckung nennen, denn man kann von einer Entdeckung wohl reden, wenn Thatsachen so aufgedeckt werden, dass sie irgend eine Folge haben. Was aber vor Mohl Andere von dem „Schleim“ der Zellen gesehen und gesagt haben, hatte der Wissenschaft keine Spur von Bewegung ertheilt.

Während nach Schleidens Auftreten ein Meinungsstreit über die Entstehung der Zellen entbrannte, der zwar zunächst zu keinem Resultat führte, lieferte Mohl mit der Weiterführung seiner wegen ihrer Sorgfalt und Gewissenhaftigkeit der Bewunderung würdigen Beobachtungen, die festen Grundlagen für unsere Vorstellung über die Zelle. Er hat sie sogar zu einem solchen Abschluss gebracht, dass wenn man von einem Begründer der Zellenlehre reden will, ich keinen anderen Namen als den Hugo von Mohl's nennen könnte.

Indem ich nicht anstehe, Mohl in erster Linie als denjenigen zu bezeichnen, dem wir eigentlich die Kenntniss davon, was eine Zelle sei, verdanken, und als greifbares Dokument dafür am einfachsten auf seine für Rud. Wagners Handwörterbuch der Physiologie verfassten „Grundzüge der Anatomie und Physiologie der vegetabilischen Zelle“ (1851) hinweise, will ich nicht im Mindesten die grossen Verdienste Nägeli's verschleiern. Nägeli, Anfangs in der Schleiden'schen Zellbildungstheorie befangen, rang sich davon nicht nur los, sondern lieferte durch seine eigenen Untersuchungen die Thatsachen, die Schleiden's Lehre völlig beseitigend, ihn selbst zur Aufstellung der im Wesentlichen noch heute geltenden Zellbildungslehre in den Stand setzten. Auch förderte Nägeli eine Menge von Verhältnissen, die die Morphologie der Zelle betreffen, zu Tage, welche beitrugen, das von Mohl gegebene Schema in vieler Hinsicht immer lebendiger zu gestalten. Für die hervorragende Mitarbeiterschaft Nägeli's*) kommen ganz besonders die von ihm in seiner mit Schleiden von 1844—1846 herausgegebenen „Zeitschrift für wissenschaftliche Botanik“ niedergelegten umfangreichen Arbeiten in Betracht. Hier hat Nägeli, von den wenigen vorhandenen sicheren Beobachtungen ausgehend, den eigenen Weg eingeschlagen, um zunächst festzustellen, was von den zahlreichen kugel- und blasenförmigen Gebilden im Pflanzenkörper Zellen seien und was nicht, um dadurch Ganzes vom blossen Bestandtheil scharf zu scheiden und zu einem unanfechtbaren Begriff von der Zelle zu gelangen. An diesem Ausbau der Zellenlehre nahmen dann in der Folge andere Forscher Theil und wenn hier Vollständigkeit der Litteraturbehandlung nicht Ziel und Zweck ist, so muss ebenfalls Unger**) als einer der Wenigen genannt werden, der von vornherein nicht an Vorurtheilen klebend, mit weiterem Blick an der Hand selbstständiger Beobachtung den Schleier mit lüftete, der die Zelle umgab. Griff er auch nur mit Unterbrechung in die Speichen der

*) Nägeli: Zeitschrift für wissenschaftliche Botanik 1844—46.

**) Unger: Botan. Zeitung 1844. Ueber das Wachsthum der Internodien und in Nägeli's Zeischrift III. Ueber merismatische Zellenbildung 1844.

Räder ein, die den von schwachen Menschenhänden bewegten Wagen der Wissenschaft leider oft so langsam vorwärts schieben, so sind seine Veröffentlichungen namentlich auch durch viele auf das richtige abzielende Gedanken für immer von hohem Interesse.

Um auf Mohl aber speciell, wenn auch nur kurz zurückzukommen, so erscheint ausser den Aufsätzen in der botan. Zeitung 1844, „Einige Bemerkungen über den Bau der vegetabilischen Zellen“ und der Abhandlung „Ueber das Wachsthum der Zellenmembranen“ im Jahrgang 1846 der Botan. Zeitung der Aufsatz als der wichtigste, in dem Mohl die Taufe des Protoplasmas vornahm. (Botan. Zeitung 1846. „Ueber die Saftbewegung im Innern der Zellen.“)

Der ausführliche Hinweis darauf, dass der Inhalt der Zellen kein einfacher, klarer, wässeriger Saft, sondern, eine zähflüssige, mit feinen Körnchen gemengte, ungefärbte Substanz sei, die zwar eiweisshaltig, aber doch kein blosser Proteïnstoff ist —, dass diese, alle Bildungsprocesse in der Zelle beherschende Substanz vom Zellkern zu unterscheiden sei, und sehr merkwürdige Veränderungen beim Heranwachsen der Zellen zeige, durch Auftreten von Vacuolen und allmählige Herausbildung eines sehr auffallenden, beweglichen und lebhafte Srömungen zeigenden Fadennetzes, dass man diese neue Substanz am besten mit einem besonders bezeichnenden Namen Protoplasma belege, — das sind die Thatsachen, die an Stelle unbestimmter Bilder ein ganz characteristisches Bild der Zelle im Allgemeinen schufen, ein Bild, welches für uns die Basis für den weiteren Ausbau der Zellenlehre abgab.

Wir dürfen sagen, dass mit Beginn der zweiten Hälfte unseres Jahrhunderts die Lehre von der Pflanzenzelle für alle Zeiten fest begründet war, und dass es sich nur des Weiteren um die Feststellung neuer Eigenschaften an einem leidlich bekannten Objecte, gemäss den Fortschritten der Methodik handelte. Braun, Hofmeister, Thuret, Pringsheim und manche Andere, bis in die 60er Jahre hinein, Strassburger durch seine ausführlichen Beobachtungen über die Kerntheilungen, Pfeffer durch seine ausgedehnten, und methodisch feinen Forschungen über Chemismus und Dynamik der Zelle in unseren

Tagen sind es, die Baustein auf Baustein sammelten, um das Ererbte immer mehr zu besitzen.

Ehe aber die Botaniker auf dem erfolgreichen Wege weiter schritten, war ein Ereigniss eingetreten, welches von einschneidender Bedeutung für die ganze Zellenlehre werden sollte. Es war das ziemlich unvermittelte Auftreten Schwanns.*) Ihm gelang es, wie bekannt zuerst mit durchschlagendem Erfolge die Thatsache, die bisher nur gelegentlich angedeutet worden war, dass auch die thierischen Gewebe aus Zellen bestehen, zu einem wissenschaftlichen Grundsatz zu erheben. Mit unseren heutigen Kenntnissen und Ansichten gemessen, würde das Buch Schwanns in seiner Bedeutung ganz erheblich verlieren, denn Schwann hat durchaus nicht behauptet, und auch 1839 noch garnicht behaupten können, dass beiderlei Zellen, von Pflanzen und Thieren, aus einem Protaplasmakörper gleicher oder wenigstens ähnlicher Zusammensetzung bestünden. Die Uebereinstimmung in der Structur erblickte Schwann in erster Linie in dem Vorhandensein des Zellkernes in thierischen Zellen, der bei den Pflanzen von Schleiden eben erst allgemein nachgewiesen war, und Schwanns Beobachtungen verdienen bei der grösseren Schwierigkeit, ohne die jetzt üblichen Hülfsmittel, die Kerne aufzufinden, die grössere Anerkennung. Als weitere Uebereinstimmung sprach Schwann die gleiche Form der Zellbildung in beiden Reichen an. Im persönlichen Verkehr mit Schleiden mit dessen Zellenlehre bekannt geworden, und derselben ein absolutes Vertrauen schenkend, übertrug er Schleidens Zellbildungslehre, wie er sie fand, auf die thierischen Zellen, und fügte nur noch hinzu, dass auch Zellen ausserhalb anderer Zellen, gewissermassen durch Urzeugung aus der Intercellularsubstanz thierischer Gewebe entstehen könnten. An das Schicksal von Schleidens Zellenlehre eng geknüpft, fielen Schwanns Theorien mit jener, doch blieb sein Buch wegen

*) Ueber die Vorläufer Schwanns vergleiche man die Vorrede zu seinem Buch: Mikroskopische Untersuchungen über die Uebereinstimmung in der Structur und dem Wachstum der Thiere und Pflanzen. 1839. Ferner A. Hirsch, Geschichte der Medicin 1893, p 460.

zahlreicher histologischer Einzelbeobachtungen von grösserem Werth. Für die Ausbildung des Zellenbegriffes ist Schwanns Buch ohne Bedeutung, da es neue Eigenschaften der Zelle nicht enthielt, und so wird es hier denn auch nur genannt, um den Beginn der Mitarbeiterschaft an der Zellenlehre bei den Zootomen zu verstehen, von denen eine bemerkenswerthe Rückwirkung auf die Botanik erfolgte. Die Zootomen griffen eifrig auf diesem neuen Gebiete der Forschung die Arbeit an. Remak, Kölliker und Andere erwarben sich hohe Verdienste um die Klärung der schwebenden Fragen durch ihre exacten Untersuchungen.

Für die Botaniker von besonderem Interesse ist die Arbeit Köllikers in Nägelis Zeitschrift von 1845,*) durch ihr Bestreben einmal die gewonnenen Beziehungen zwischen Zootomie und Botanik festzuhalten, andererseits aber auch äusserst klar und treffend die Unterschiede hervorzuheben. Durch das Princip strenger Beobachtung, welche sich von aller Phantasterei freihält, wird hier versucht, ein klares Bild für die Thierzelle festzustellen, das dem von der Pflanzenzelle vorhandenen ebenbürtig ist. Die hervorragende Selbstständigkeit Köllikers tritt dadurch besonders hervor, dass er die sehr naheliegende Gefahr, blosse Analogien zu finden, vermeidet und durch seine scharfen Beobachtungen sofort mit bemerkenswerther Klarheit erkennt und es deutlich ausspricht, dass die Schleiden'schen Ansichten für die Thierzelle durchaus keine Geltung hätten. Diese Selbstständigkeit des Urtheils zu damaliger Zeit, bei der ganz aussergewöhnlichen Autorität von Schwanns Veröffentlichung ist für das Einschlagen des richtigen Weges, auch von anderen Seiten, bestimmend gewesen.

Die Zellenlehre erhielt bei den Zootomen sofort eine ganz andere Gestalt, als in der Botanik, entsprechend der durchaus anderen Erscheinung der thierischen Zelle. Was man in der Botanik als Inhalt der Zelle bezeichnen musste, das Protoplasma, erschien nicht blos als ein Theil der Zelle, sondern machte bei den thierischen Zellen eigentlich allein die ganze Zelle aus. Die Membran, von so hervorstechender Bedeutung bei Pflanzenzellen, und hier bei

*) Kölliker: Die Lehre von der thierischen Zelle und den einfacheren thierischen Formelementen.

jeder mikroskopischen Beobachtung zuerst ins Auge fallend, war bei den thierischen Zellen oft kaum zu entdecken und bildete auch meistens nur eine sehr dünne Hautschicht, keineswegs eine aus Cellulose bestehende resistente Membran. So wurde denn während Schwann selbst noch die Bläschennatur der Zelle für deren eigentlich massgebenden Charakter gehalten hatte, von den Zootomen diese Ansicht sehr schnell verlassen und das Protoplasma an die erste Stelle gerückt.

Hatte auch schon Unger auf die Aehnlichkeit des Protoplasmas mit der Körpermasse niederer Thiere hingewiesen*), so wurde der Name Protoplasma doch erst durch Remak und Max Schultze auch für die Substanz der thierischen Zelle, an Stelle der bis dahin üblichen Bezeichnung Sarcode eingeführt.

Die Veröffentlichung Max Schultzes in Müllers Archiv 1861 p. 1: „Ueber Muskelkörperchen und das, was man eine Zelle zu nennen habe“, ist für das hier verfolgte Ziel von ganz besonderem Interesse, weil sie, von ihrem Beobachtungsinhalte ganz abgesehen, den Anstoss zu einer fundamentalen Aenderung des Zellenbegriffes gab, die zunächst für die Zootomen bestimmt, in der Botanik einen offenbar gar nicht von dem Autor beabsichtigten Einfluss gewann, der aber zu den heute bestehenden Widersprüchen geführt hat.

Das Studium der thierischen Zelle lenkte die Aufmerksamkeit Max Schultzes auf die grosse Unsicherheit, die vielfach darüber bestehe, was man eine Zelle nennen solle. Das Bedürfniss nach einer brauchbaren Definition war ein durchaus dringendes. Mit dem bläschenförmigen Gebilde mit Membran, Inhalt und Kern kam man nicht mehr aus. Um nun den Charakter der Zelle festzu-

*) Unger. Anatomie und Physiologie der Pflanzen 1855 p. 282 „Alles deutet darauf hin, dass das Protoplasma nicht als eine Flüssigkeit, sondern als eine halbflüssige, contractile Substanz angesehen werden müsse, die der thierischen Sarcode zunächst vergleichbar ist, wo nicht gar als identisch mit dieser zusammenfällt. Vergleicht man die Sarcodesubstanz niederer Thiere, namentlich der Rhizopoden, mit dem Protoplasma, wie es sich in Pflanzenzellen in der Regel darstellt, so wird man durch die Uebereinstimmung beider in Form, Beschaffenheit und Wirksamkeit in der That sehr überrascht.“

stellen, wirft Schultze die Frage auf: Welches sind die wichtigsten Zellen, und beantwortet sie folgendermassen:

„Die wichstigsten Zellen, diejenigen, in welchen sich das Grossartige des Zellenlebens, eine unumschränkte Macht in Betreff der Gewebebildung am klarsten abspiegelt, sind offenbar die aus der Theilung der Eizelle hervorgegangenen, so zu sagen noch zu keinem bestimmten Gewebe vereinigten Embryonalzellen (oder wenn man will, die Eizellen selbst). In diesen Zellen ruht die Zukunft eines ganzen Organismus. Sie sind zu einer unbegrenzten Fortpflanzung durch immer neüe Theilung fähig, in ihnen liegen alle die zum Aufbau der Gewebe und der verschiedenen Organe nöthigen Kräfte. Sie sind es, das wird Niemand bestreiten, die wir als das wahre Urbild von Zellen ansehen können. Aus ihnen kann alles werden und wird alles, was in einem normalen und was in einem krankhaft afficirten Organismus von Formbestandtheilen vorkommt.“

Schultze fragt nun nach den Bestandtheilen dieser Zellen. Sie bestehen aus dem Protoplasma und einem Kern. Die äusserste Schicht besteht öfters nur aus der homogen glasartig durchsichtigen Grundmasse des Protoplasmas, aber eine vom Protoplasma chemisch differente Membran besitzen diese Zellen nicht. Sie sind hüllenlose Klümpchen Protoplasma mit Kern.

Aus dieser Structur der typischen Zelle nach seiner Anschauung, leitet Max Schultze den Charakter der Zelle im Allgemeinen in folgendem Ausdruck ab: Eine Zelle ist ein Klümpchen Protoplasma, in dessen Innern ein Kern liegt.“

Ob die Ansicht Max Schultzes über die Embryonalzellen nicht auch in der Zootomie als eine gänzlich subjective angesehen werden kann, muss ich dahingestellt sein lassen.

Eine Uebertragung dieser Ableitungen auf die Pflanzenzellen ist ganz ausgeschlossen. Es wäre durchaus künstlich, in der Botanik die Eizellen als die typischen Zellen hinzustellen. Die von Max Schultze für die thierische Eizelle ins Feld geführte Entwickelungsfähigkeit ist im Pflanzenreich nicht bloss auf Eizellen beschränkt. Die vegetative Vermehrung spielt hier eine ganz hervorragende Rolle. Nach den Arbeiten Vöchting's können wir dessen Anschauung, dass theoretisch in jeder Zelle die Kräfte zur Ausbildung zu einer Pflanze liegen, nicht abweisen und ich habe selbst in den „Untersuchungen über Adventivbildungen" einen bescheidenen Beitrag geliefert, der diese Anschauung bestätigt. Die Eizellen können also für uns nicht als typische Zellen gelten und haben auch in der Botanik noch niemals dafür gegolten. Eher war das Gegentheil der Fall.

Max Schultze hebt seinen Standpunkt noch besonders charakteristisch p. 21 seiner Abhandlung hervor. Es heisst dort: „Worauf es uns besonders ankam war, nachzuweisen, dass hüllenlose Protoplasmamassen in der Natur eine grosse Rolle spielen, und dass zum Begriff einer Zelle nicht nothwendig eine Membran gehöre. Wir sind zu dem Resultate gekommen, dass recht wichtige, ja die wichtigsten unter allen Zellen membranlos seien, dass sie nur aus einem Kern und einem Häufchen Protoplasma rings um denselben bestehen, und ich möchte jetzt hinzufügen, dass man sogar die Behauptung vertheidigen könnte, die Bildung einer chemisch differenten Membran auf der Oberfläche der Protoplasmamassen sei ein Zeichen beginnenden Rückschrittes, die Zellenmembran gehöre so wenig zum Begriff einer Zelle, dass sie sogar als Zeichen herannahender Decrepidität oder doch wenigstens eines Stadiums zu betrachten sei, auf welchem die Zelle in den ihr ursprünglich zukommenden Lebensthätigkeiten bereits eine bedeutende Einschränkung erlitten habe."

Ich halte diese Ansicht über die thierische Zelle ebenfalls für eine ungemein stark subjektive, ohne mir darüber ein abschliessendes Urtheil anzumassen. Für die Botanik haben diese Betrachtungen keine Bedeutung und wären hier allgemein angewandt, geradezu falsch. Wenn die Eizelle oder die Schwärmspore einer Alge sich mit einer Membran umgiebt, so ist das kein Zeichen beginnenden Rückschrittes, sondern gerade im Gegentheil der Anfang zur Entwickelung einer embryonalen Pflanze. Und dass Pflanzenzellen durch die Membranbildung in ein Stadium der Einschränkung ihrer Lebensthätigkeit eingetreten wären, wäre ebenfalls, schon mit Hinweiss auf die Vegetationspunkte, wo die jungen Zellen gleich mit Membranen entstehen, ganz unhaltbar und ohne jeden Sinn.

Ich muss es deshalb besonders hervorheben, dass Max Schultze selbst sich davon fern gehalten hat, seine Anschauungen auf Pflanzenzellen zu übertragen. Er hatte vielmehr die Absicht, sich von den botanischen Lehren über die Zelle zu emancipiren.

p. 23 heisst es: „Wir sind vorzugsweise durch die Botaniker, denen unstreitig das Verdienst zukommt, die Lehre von den einzelnen Bestandtheilen und den möglichen Metamorphosen der Zellen viel sorgsamer ausgebildet zu haben, als bis jetzt in der thierischen Gewebelehre geschehen ist, zu der Annahme gekommen, als gehöre zum Begriff der Zelle die Bläschennatur. Das ist für die Pflanzengewebe insofern auch ganz richtig, als dort die Zellen verhältnissmässig sehr früh eine Membran bekommen und sobald sie sich zu Gewebe verbinden, immer haben. Daher aber auch die verhältnissmässig grosse Einfachheit der Pflanzengewebe, indem überall auch bei den complicirtesten Innenveränderungen des Protoplasma, sich die primären Membranen meist auf den ersten Blick erkennen lassen.“

Bei den Zootomen gelangte, gestützt durch die Untersuchungen ihrer hervorragendsten Vertreter, die Auffassung Max Schultzes, von der Zelle, zu immer allgemeinerem Anklang. Nicht ungern sagte man sich von der Membran los, die so wenig bedeutete, und die nur der klaren, einfachen Bestimmung der Zelle hinderlich gewesen war. Nach dieser seiner Häutung erschien der Zellenbegriff erst in ungetrübter Reinheit. Aber man kann nicht sagen, dass diese befreiende That, die man mit einem gewissen Nimbus umgeben hat, heute noch als solche erscheint, wenn man beiden Gebieten, die die Zellenlehre angeht, gerecht werden will.

In der Botanik kann man als Folge dieser veränderten Auffassung bei den Zootomen zunächst nur erkennen, dass man das Protoplasma, welches ja hier schon lange als die lebendige Substanz der Zelle erkannt worden war, noch bestimmter als bisher in den Vordergrund stellte. Das lehrt unter anderem der Vergleich von

Hofmeisters 1867 als erster Band des „Handbuches der physiologischen Botanik“ erschienener Lehre von der Pflanzenzelle, mit Mohls „Vegetabilischer Zelle“ von 1851. Mohl beginnt sein Buch mit der Zellmembran, Hofmeister mit dem Protoplasma, dessen eingehende Behandlung den ersten Abschnitt des Buches ausfüllt. Aber von einem Anschlnss an die Lehre der Zootomen ist bei Hofmeister trotzdem nicht die Rede. Es heisst p. 77: „Nirgends im Pflanzenreiche bleibt das Protoplasma dauernd nackt, unbekleidet von einer festen Hülle. Wo immer Protoplasma in solchem Zustande vorkommt, da wird es früher oder später von einer elastischen permeablen Membran allseitig umschlossen. Das so entstandene, zusammengesetzte Gebilde, die geschlossene Haut sammt Inhalt, führt den Namen einer Zelle. Auch die zunächst hüllenlosen Protoplasmaballen, welche aus, oder in dem protoplasmatischen Inhalte fertiger Zellen entstehen, wenn die Masse dieses Inhalts ein bestimmtes Maas überschreitet — auch diese in Zellräume eingeschlossenen Primordialzellen erhalten weiterhin eine Umgrenzung mindestens an denjenigen Flächen, mit denen die Primordialzellen einander und nicht die Mutterzellhaut berühren. Das Auftreten der elastischen festen Zellhaut an der neu entstandenen Primordialzelle folgt in vielen Fällen der Bildung erst nach geraumer Zeit.“

Aber diese Bildung erfolgt doch und eine andere Auffassung der Zelle als die von Hofmeister zum Ausdruck gebrachte, würde ihm zweifellos viele Schwierigkeiten in seiner weiteren Darstellung gemacht haben, da die grösste Menge der Thatsachen seinen Angaben entspricht.

Es konnte aber dieser zurückhaltende Standpunkt nicht anhalten. Die Beziehungen der Botanik zur Zootomie waren durch die Zellenlehre schon zu enge geworden, man hatte ja glücklich unter ihrem Banner beide organische Reiche mit einander verknüpft. Die Botanik musste von neuen Gedanken über das gemeinsame Fundament anatomischer Lehren Notiz nehmen und sich damit abfinden, zumal ihr die neuen Gedanken nicht ganz fremd waren.

Alexander Braun hatte bereits 1849, also schon vor Max Schultze, in einem Werke, welches sich mit Bildungsproblemen in der Pflanzenwelt befasste und den Titel trug: „Betrachtungen über die Erscheinung der Verjüngung in der Natur", ein reiches und anziehendes Beobachtungsmaterial über die Fortpflanzungsverhältnisse niederer Algen mitgetheilt. Die höchst merkwürdige Entlassung des grünen protoplasmatischen Inhaltes der Zellen bei der Schwärmsporenbildung von Oedogonium und Bolbochaete u. s. w. wurden erörtert, wobei die noch nicht geklärten Ansichten über freie Zellbildung und Zelltheilung Braun die Incongruenz von Ausdruck und Thatsachen fühlbar machten.

Seite 165 sagt Alexander Braun: „Betrachten wir nun die einzelnen Zellen für sich näher, so muss zunächst bemerkt werden, dass der Ausdruck Zelle nicht ganz dem entspricht, was wir eigentlich damit bezeichnen, denn wir verstehen unter Zellen nicht blos die häutigen Blasen oder Schläuche, welche das Gewebe bilden, sondern auch ihren Inhalt; wir nennen Zelle nicht blos das durch ringsum abgeschlossene Wände gebildete Kämmerlein, in welches das Pflanzenleben sich zurückzieht, sondern eben auch seinen lebendigen Bewohner, den mehr oder weniger flüssigen und innerlich bewegten Körper, der innerhalb der Kammern noch mit eigener zarter Haut*) begrenzt ist. Die Zelle ist somit ein kleiner Organismus, der sich nach Aussen seine Hülle bildet, wie die Muschel ihre Schale, die Schnecke ihr Haus, der Krebs seinen Panzer."

„Der von dieser Hülle umschlossene Inhalt aber ist der wesentliche und ursprüngliche Theil der Zelle, ja er muss als Zelle betrachtet werden, schon ehe er eine Ueberkleidung erhalten hat. Von dem Inhalt geht alle Lebensthätigkeit der Zelle aus, während die Haut ein nach aussen abgesetztes Product ist, ein Secretionsgebilde, das nur noch passiv am Leben Theil nimmt, den Verkehr des Innern mit der äusseren Umgebung vermittelnd, die Nachbarzellen trennend zugleich und verbindend, der einzelnen

*) Dem heutigen Hyaloplasma.

Zelle im Zusammenhang mit dem ganzen Gewebe Schutz und Festigkeit verleihend. Die Ausbildung der Zellhaut als eines Productes der Zellenthätigkeit, steht daher im umgekehrten Verhältniss zur Lebensthätigkeit der Zelle selbst. In der Jugend dünn, weich und dehnbar lässt die Zellhaut reichliche Ernährung und fortschreitendes Wachsthum der Zelle zu; später schichtenweise sich verdickend und zugleich verhärtend, drängt sie den Inhalt in immer engere Grenzen zusammen, schliesst den Verkehr mit der Aussenwelt mehr und mehr ab und setzt dem Wachsthum ein Ziel. So baut sich das Leben der Pflanze in der Zelle selbst einen Sarg, erstirbt zuletzt in seinem eigenen Gebilde."

Sieht man von der Einseitigkeit des Standpunktes ab, so muss man diese Darlegung als eine ganz musterhafte bezeichnen, die viel besser als Max Schultze die Nothwendigkeit begründet, sich über den Zellenbegriff klar zu werden. Auf Seite 244 seiner Schrift erklärt Braun ganz bestimmt, in welcher Weise das geschehen müsse: „Es ist ein Missstand, dass man mit dem Worte Zelle bald die Zelle mit Haut, bald die Zelle ohne Haut, bald die Haut ohne Zelle bezeichnet. Da der Inhalt der Zelle der wesentliche Theil derselben ist, da er schon vor der Absonderung der Cellulosehaut ein abgeschlossenes Ganze bildet, das seine eigene ihm wesentlich zugehörige, hautartige Begrenzung besitzt, so muss man, wenn man die Bezeichnung Zelle nicht blos auf die umhüllende Wand der Kammer anwenden und den Inhaltskörper mit einem anderen Namen benennen will, gerade diesen Inhaltskörper als eigentliche Zelle bezeichnen."

Alexander Braun wäre mit seinen Ansichten vielleicht durchgedrungen, wenn er, was das allein Richtige war, geradezu gefordert hätte, den Zellinhalt mit einem besonderen Namen zu benennen. Das wäre der Anfang der Klärung gewesen. Es war aber ein logischer Fehler dem Theil der Zelle, dem Protoplasma denselben Namen zu geben wie dem Ganzen. Um an seine eigene Bilder anzuknüpfen, müsste man dann auch den ganzen Krebs nicht so nennen, sondern nur das lebendige, in der todten Schale steckende Thier. Es ist höchst sonderbar, dass man den logischen Irrweg, auf dem man wandelte, bei der Zelle nicht bemerkte, obgleich die Wunderlichkeit einiger analoger Begriffsverdrehungen ihn wohl hätte beleuchten können.

Man hatte eben nur die Thatsachen selbst vor Augen, die Niemand bestreiten konnte und achtete in dem Hinblick auf das Ziel das Wort gering.

Wenn die Ansichten Alexander Brauns trotz ihrer so klaren und zur Annahme drängenden Darstellungsweise keine Anerkennung, kaum eine Erörterung fanden, so musste das Thatsachenmaterial, welches dem entgegenstand, offenbar noch sehr grosses Gewicht haben. Und in der That, die Braun'sche Auffassung konnte nur für den überzeugend sein, der sich mit der Welt kryptogamischer Pflanzen beschäftigte, wo die geschilderten Erscheinungen allgemein verbreitet sind und sich als Regel aufdrängen. Der Pflanzenanatom dagegen hatte es immer nur mit Zellen zu thun, die eine Membran besassen, und die Schwärmsporen erschienen ihm um so mehr als blosse Ausnahmen von seiner eigenen Regel, als deren Zustand ja auch nur ein vorübergehender ist, und wie Hofmeister noch viel später zu bemerken sich für berechtigt hielt, alle bald wieder in den Zustand der eigentlichen Zelle mit Hülle wieder zurückkehren.

Es ist ein sehr bemerkenswerthes Zusammentreffen der Ereignisse, dass gerade zur selben Zeit, als Max Schultze auf Grund eigener Untersuchungen und wie es scheint, ganz unbeeinflusst von Alexander Braun ganz dieselbe Umwandlung des Zellenbegriffes thatsächlich mit Erfolg vornahm, auch in der Botanik neue Thatsachen die allgemeine Aufmerksamkeit auf sich zogen, die man sich nicht besser hätte wünschen können, um die neue Anschauung über die Zelle zu einer allgemeingültigen für beide Reiche der Lebewesen zu erheben.

Ein Autor, der sich schnell durch eine Reihe ausgezeichneter Arbeiten bekannt gemacht hatte, betrat mit einer neuen Untersuchung den Weg künftiger Berühmtheit. Es war de Bary, der mit seinen Beobachtungen über die Mycetozoen, welche 1859 in der Zeitschrift für wissenschaftliche Zoologie erschienen, entschieden bedeutendere Argumente, als Schwann, für die Uebereinstimmung von Pflanzen- und Thierreich beibrachte, dadurch, dass er bis dahin als Pflanzen anerkannte Organismen, wenn auch nicht ohne lebhaften Widerspruch, in das Thierreich setzen zu müssen glaubte. Mochte man dieser systematischen Frage nun beistimmen oder nicht, das war ganz Nebensache, das eine konnte Niemand leugnen, dass die Körpermasse der Mycetozoen aus derselben oder doch ausserordentlich ähnlichen Substanz, der Sarcode oder dem Protoplasma bestünden, wie die Rhizopoden, Gregarinen oder andere niedere Thiere.

Nach diesem Funde von allgemeiner Bedeutung konnte man auch für die höheren Pflanzen und Thiere trotz ihrer Formverschiedenheit mit grösserem Rechte als bisher eine Wesensähnlichkeit annehmen und die Berechtigung, prinzipielle Fragen für Thier- und Pflanzenwelt zusammen zu lösen, bekam ein ganz besonderes Gewicht. De Bary hielt seinen Standpunkt, dass die Mycetozoen Thiere seien, auch noch in der zweiten Auflage seiner Arbeit von 1864 fest, (vgl. p 118) im Gegensatz zu den meisten Botanikern, die sie als "Myxomyceten" im Pflanzenreich festhielten, wo sie denn auch bis heute untergebracht blieben.

Für uns ist diese Frage weniger von Wichtigkeit, als dass de Bary an seine Untersuchungen eine ausführliche Auseinandersetzung mit dem herrschenden Zellenbegriff anschloss. Cienkowsky, der de Bary's Beobachtungen über die Mycetozoen bestätigte und in manchen Theilen ergänzt hatte, war der Ansicht, dass man den Zellenbegriff auf die Mycetozoen mit ihren eigenthümlich vom Gewöhnlichen abweichenden Entwickelungsstadien überhaupt nicht anwenden könne. Aber de Bary warf die Frage auf, ob man denn einen Organismus, auf den das alte Zellschema nicht passe, nicht für eine Zelle zu halten berechtigt sei. Dass nicht alle Zellen eine Membran und einen Zellkern hätten, sei ja längst bekannt, wozu zu bemerken ist, dass die von de Bary damals als kernlos bezeichneten Beispiele durch neuere Untersuchungen sogar reich an Zellkernen gefunden wurden. Aber mit der Membran hatte er Recht und noch heute giebt es ja auch kernlose Organismen in denBacterien und Cyanophyceen, es fragt sich freilich, wie lange noch.

De Bary schloss sich nun auch, in dem Wunsche, bei den Mycetozoen die Zellnatur für ihre Zustände zu beweisen, ganz rückhaltslos an Max Schultze an, wie dieser wieder an ihn, noch mehr fast an die radicaleren Ansichten Brücke's, der, auch mit dem Zellkern aufräumend, für die Zelle nur einen abgeschlossenen Protoplasmakörper verlangte. Schon in seiner Besprechung der Arbeiten von Brücke und Schultze in der Flora 1862 hatte de Bary seine Zuneigung zu diesen Standpunkten ganz klar zu erkennen gegeben und so konnte er denn p. 107 der II. Auflage der Mycetozoen um so bestimmter erklären:

„Die in den Pflanzenzellen bekannten Erscheinungen stehen, wie ich glaube, mit den eben angeführten Ansichten vollständig im Einklang, und es dürfte wohl von den Meisten zugegeben werden, dass speciell die geistvolle Arbeit Brücke's einen klaren Ausdruck gebracht hat für die neue Anschauungsweise, welche schon seit lange so zu sagen in der Luft lag. Ein neues, strenges Schema wird durch die erwähnte Anschauungsweise allerdings nicht an die Stelle der früheren gesetzt, wenn es sich aber darum handelt, ein Merkmal für die Zelle anzugeben, so wird dem Gesagten zufolge ein von anderen abgegrenzter, selbstständiger Protoplasmakörper mit diesem Namen zu bezeichnen sein, gleichviel, ob derselbe mit einer Membran umgeben und mit einem Kern versehen ist, oder nicht. Wichtig scheint es mir hierbei die Beschränkung hinzuzufügen, dass nur solche Protoplasmakörper als Zellen zu bezeichnen sind, welche entweder für sich allein ein selbständiges Leben führen, oder aber mit anderen gleichartigen sich unmittelbar zur Bildung zusammengesetzter Organe vereinigen. Durch diese Beschränkung wird eine grosse Zahl von Protoplasmakörpern, welche der Pflanzenzelle eigen sind, wie z. B. die Protoplasmakugeln von Chara, viele Chlorophyllkörper, ja auch die Zellkerne von der Bezeichnung als Zelle ausgeschlossen und bleiben Theile der Zelle, als welche sie mit Recht betrachtet worden sind."

De Bary ist als derjenige zu bezeichnen, der thatsächlich die von den Zootomen zunächst für ihre Objecte eingeführte Auffassung in die Botanik eingeführt hat, und dadurch entstand bei dem Gewicht seiner Persönlichkeit der sehr merkwürdige Zustand, dass zwei Ansichten, die sich widerstritten, die Lehre de Bary's und die ältere, auch von Hofmeister vertretene, ganz friedlich, ohne Kampf nebeneinander bestanden, indem jeder Standpunkt den anderen als einseitig, aber für richtig anerkannte. Denn auch der Standpunkt de Bary's muss trotz seiner Richtigkeit doch als ein ebenso einseitiger bezeichnet werden.

Man muss dabei in Betracht ziehen, dass die Botaniker, welche den Zootomen Folge leisteten, doch erheblich unhistorischer sowohl, als unlogischer verfuhren.

Wenn Brücke sich folgendermassen auslässt, so hatte er vollkommen Recht.

„Das Schema: Feste Zellmembranen, von Hause aus flüssiger Zelleninhalt und Zellenkern mit Kernkörperchen, ist für uns werthlos geworden, ja die Zeit ist herangerückt, wo das Anklammern an dasselbe für die weitere Entwickelung der Histologie geradezu schädlich wirkt, denn um seinetwillen wurden Membranen angenommen, wo keine nachgewiesen worden sind, um seinetwillen wird der Zelleninhalt, so lange nicht im speciellen Falle geradezu das Gegentheil dargethan ist, als eine Flüssigkeit behandelt, um seinetwillen muss jede Zelle einmal einen Kern gehabt haben, wenn derselbe auch nie gesehen worden ist, um seinetwillen werden Intercellularsubstanzen angenommen, deren selbstständige von den Zellen unabhängige Entwickelung sich wiederum nicht nachweisen lässt, ja im höchsten Grade unwahrscheinlich ist u. s. w." (Sitzungsberichte der Akademie d. W. v. Wien 1862, p. 406 Bd. XLIV, II. Abtheilung).

Dass diese Anschauungen in der Botanik warme Verfechter fanden, ist eigentlich zu verwundern, denn in dieser Allgemeinheit waren sie für die Pflanzenzellen gar nicht aufrecht zu erhalten. Man war bei den Pflanzenzellen gar nicht im Zweifel über das Vorhandensein einer Cellulosemembran im einzelnen Falle, da deren Nachweis sehr leicht war und wenn auch viele Zellen damals noch für kernlos galten, so wurde das Gegentheil auch gar nicht behauptet, ist aber durch die Untersuchungen neuerer Zeit längst festgestellt. Den Zellenbegriff im Allgemeinen als Schema zu verdächtigen, war übrigens ganz unstatthaft. Der Ausdruck für die Vorstellung, welche man nach Mohl's und Nägeli's Untersuchungen, von der Pflanzenzelle erworben hatte, war durchaus kein Schema, sondern blos der Ausdruck für veritabele Thatsachen. In der Zootomie war das anders. Schwann hatte sich thatsächlich nicht an die Beobachtung gehalten, er hatte ein entlehntes „Schema" den Zootomen zugebracht, die membranumgebene Zelle, welche im Thierreich nicht das Allgemeine war, daher das Schema sich denn als falsch erwies. Aber dem gegenüber lag gar keine Berechtigung vor auch in der Botanik von einem alten und bedeutungslosen Schema zu reden. Die Zelle war hier gar kein Schema, kein Vorbild, sondern ein Abbild, d. h. aus den Thatsachen und Beobachtungen entwickelter, lebendiger Begriff. Diese Thatsachen liessen sich aber unmöglich durch ganz andere Thatsachen einfach absetzen. Wenn der nackte Protoplasmakörper eine Zelle war, was war denn nun die Gewebezelle?

Es ist sehr merkwürdig, dass man bei einer so wichtigen Frage einer solchen Diskussion möglichst aus dem Wege ging, bis heute aus dem Wege gegangen ist.

Man lebte in vollem Frieden mit zwei Confessionen dahin. Trotz der geistvollen Auseinandersetzungen Schultze's, Brücke's und de Bary's und trotz der Zustimmung in der Speciallitteratur, im mündlichen Vortrage u. s. w. beobachtet man da, wo die Zelle als Grundlage des ganzen wissenschaftlichen Systems behandelt wird, in den Hand- und Lehrbüchern, ein zähes Festhalten an dem „alten Zellenschema."

Sachs hat in seinem epochemachenden Lehrbuche, welches für die Gestaltung der heutigen Botanik von so hervorragender Triebkraft gewesen ist, durch 4 Auflagen hindurch, von 1868 bis 1874 zwar auch der neuen Richtung Rechnung getragen, aber doch mit aller Reserve und er lässt sich zunächst nicht irre machen an der in der Botanik entstandenen, ihr von Anfang an eigenen Ansicht von der Zelle.

In der vierten Auflage, p. 1, im Kapitel „Morphologie der Zelle“ heisst es: „Die Substanz der Pflanzen ist nicht homogen, sondern zusammengesetzt aus kleinen, dem unbewaffneten Auge meist nicht mehr unterscheidbaren Gebilden, deren jedes, wenigstens zeitweilig, ein in sich abgeschlossenes Ganzes darstellt, in welchem von aussen nach innen feste, weiche und flüssige Schichten von chemisch verschiedener Natur concentrisch zusammengeordnet sind. Diese Gebilde sind es, die man als Zellen bezeichnet.“

„Die überwiegende Mehrzahl der Zellen in saftigen, lebenden Pflanzentheilen, z. B. jungen Wurzeln, Blättern, Internodien, Früchten, zeigt sich zusammengesetzt aus drei concentrisch gelagerten Schichten, einer äusseren, festen, elastischen Haut, Zellhaut (Zellwand), welche aus einem ihr eigenthümlichen Stoffe, der Cellulose, besteht, der Innenseite dieser allseitig geschlossenen Haut dicht anliegend, findet sich eine zweite, ebenfalls allseitig geschlossene Schicht, deren Substanz weich, unelastisch ist und immer eiweissartige Stoffe enthält; diese Substanz wurde von H. v. Mohl mit dem bezeichnenden Namen Protoplasma belegt; es bildet in dem hier betrachteten Zustand der Zellen einen von der Zellwand umschlossenen Sack, in welchem meist noch andere Protoplasmaportionen in Form von Platten und Strängen vorhanden sind. Bei manchen niederen Gewächsen fehlend, bei allen höheren Pflanzen ausnahmslos, liegt in dem Protoplasma eingebettet ein rundlicher Körper, dessen Substanz der des Protoplasma sehr ähnlich ist; es ist der Zellkern. Der vom Protoplasmasack umschlossene Hohlraum ist mit einer wässerigen Flüssigkeit, dem Zellsaft erfüllt.“

An diese zunächst allgemein gültige Beschreibung der Pflanzenzelle schliesst Sachs den Hinweis auf die Bedeutung des Protoplasmakörpers als der Substanz, die Wachsthum, Vermehrung und chemische Arbeit der Zelle bedinge und nun auf die Vorgänge der Schwärmsporenbildung kommend, wo sich das Protoplasma von der Membran trennt und selbständig erscheint, heisst es weiter:

„Diese und zahlreiche andere Beispiele zeigen, dass der Protoplasmakörper die Zelle bildet; die Zelle in dem oben definirten Sinne ist offenbar nur eine weitere Entfaltungsform desselben, die gestaltenden Kräfte gehen von ihm aus. Man hat sich daran gewöhnt, einen derartigen Protoplasmakörper selbst als Zelle zu betrachten und ihn als nackte, hautlose Zelle, primordiale Zelle zu bezeichnen; er verhält sich zu einer mit Haut und Zellsaft versehenen Zelle etwa so, wie eine Larve zu dem fertigen Insect, welches sich reicher gegliedert aus jenem entwickelt.“

Klarer und deutlicher kann es gar nicht ausgesprochen werden, dass das, was die Zootomen als Zelle bezeichneten, nur eine Erscheinungsform der Zelle sei, dass im Pflanzenreiche die vollkommene Zelle mit einer Membran umgeben ist, die zu ihr gehört, und dass eine Zusammenfassung beider Erscheinungsformen unter einen Ausdruck unrichtig ist. Sachs spricht auch sehr richtig von einer blossen Gewohnheit, nicht von einer wissenschaftlichen Berechtigung oder gar Nothwendigkeit.

Und so ist es in den Handbüchern der Botanik bis heute geblieben, die nun doch einmal die zeitlich allgemeiner gültige Anschauung in den Wissenschaften wiederzugeben pflegen. Man vergleiche die Lehrbücher von Frank, Strasburger, Prantl-Pax, grosse wie kleine. Im Strasburger'schen Lehrbuche, mit Recht jetzt einem der verbreitetsten, ist die typische, mit fester Haut umgebene Pflanzenzelle noch besonders als Gegensatz zur Thierzelle bezeichnet, und das ist wohl hervorzuheben, da sonderbarer Weise seit Schwann in den Büchern nur noch von der Gleichheit der Pflanzen- und Thierzellen und garnicht von den Unterschieden die Rede ist. Wäre der Unterschied so minimal, dass man ihn nicht zu beachten brauchte, dann könnten Pflanzen und Thiere nicht so verschieden sein, wie sie es selbst auf den niederen Stufen wirklich sind.

Ueberall findet man bis heute im System der Wissenschaft die hautlose Pflanzenzelle nur als eine besondere Form der Zelle bezeichnet, die man wohl auch mit dem Namen Primordialzelle versieht. Es ist das aber ein Name, der meines Erachtens die Sache nicht trifft und besser vermieden würde. Es ist auch im Ganzen in der Botanik mit der Auffassung des Protoplasmakörpers als Zelle Niemandem recht Ernst. Man umgeht trotz des theoretischen Standpunktes, wenn es irgend geht, diesen Ausdruck. Man bezeichnet die Schwärmer der Algen, Pilze und Myxomyceten nur ungern als Zellen, sondern als Schwärmsporen, Zoosporen, Gameten etc. Nur die hautlosen Eizellen nennt man consequent Zellen, aber sie sind es ja auch, die nur ganz kurze Zeit in diesem hautlosen Zustande bleiben und sich sehr schnell mit einer Membran umgeben. Man lässt sich offenbar von dem richtigen Gefühl leiten, dass man bei einem als Begriffssignatur benutzten Worte sich doch immer noch der ursprünglichen Bedeutung in der Sprache erinnern muss. Ein Sprachforscher würde sich wahrscheinlich auch wundern, wenn er vernimmt, dass man einen weichen soliden Körper als c e l l u l a bezeichnet.

Ist das nun ein für die Wissenschaft erspriesslicher Zustand? Ich glaube nicht. Für den Einen ist die Zelle das Ganze, für den Anderen nur ein Theil, ein Dritter sucht den Frieden dadurch herzustellen, dass die Zelle völlig zu einer platonischen Idee wird, von der die hautlose und die behäutete*) Zelle nur Erscheinungsformen sind. Es erscheint nicht unnöthig, einige speciellere Beispiele dafür anzuführen, zu welchen Widersprüchen die heutige Doppelsinnigkeit des Zellenbegriffes führt.

Fassen wir zunächst einmal im modernem Sinne die Zelle als einen individualisirten Protoplasmakörper auf.

Was wird dann aus dem allgemeinen, an der Spitze der Anatomie stehenden Satze: die Pflanzen bestehen aus Zellen?

Da die Zellen Protoplasmakörper sind, folgt aus der Definition der Zelle unweigerlich: die Pflanzen bestehen aus Protoplasmakörpern — was falsch ist.

*) Auch zu diesem unschönen Ausdruck hat man in der Botanik schon gegriffen, um sich verständlich zu machen, da das Prädikat nicht mehr wie früher in dem Hauptwort steckt.

Nur die Schwärmsporen und dergleichen und die Plasmodien der Myxomyceten bestehen aus Protoplasmakörpern. Schon bei anderen niederen einzelligen Organismen oder isolirten Pflanzenzellen, wie Pollenkörnern und Sporen, hört die Sache auf und wir werden trotz aller logischen Schachzüge die Membran nicht los. Nun greift man vielfach zu dem dictatorischen Hülfsmittel, die Membran als das „Secundäre", als das „Unwesentliche" zu bezeichnen. Um dem Widerspruch auszuweichen, begiebt man sich auf das Gebiet des Absurden. Was helfen denn alle noch so wohlgemeinten Abstractionen den Thatsachen der Natur gegenüber. Kann man sich wohl eine Caulerpa oder andere Siphoneen ohne Membran vorstellen? Hier bedingt die Membran überhaupt die Existenz des ganzen Gebäudes. Man kann sich nicht denken, dass der Protoplasmakörper dieser vielgegliederten Riesenzellen ohne Membran eine solche Form haben, als ein Stengel, Blätter und Wurzeln nachbildender Körper dastehen könnte. Es ist übrigens bei höheren Pflanzen ebenso, man kann keine Staude von Protoplasma allein aufbauen, geschweige denn einen Baum. Wie ist es also möglich, einer blossen Begriffsbildung zu Liebe von der Membran als etwas „Unwesentlichem" zu reden.

In der Anatomie der höheren Pflanzen bleibt man mit dem modernen Zellbegriff schon bei den ersten Schritten stecken, weshalb man ihn hier auch gewöhnlich verschweigt. Hat man einmal die Membran als Nebensache abgethan, dann muss es doch namentlich bei einem Anfänger in der Wissenschaft das höchste Erstaunen erregen, dass man in der Anatomie immer nur von Membranen redet, Membranen sieht, und die Zellformen nur durch die Membranen characterisirt, dagegen vom Protoplasma garnichts mehr erwähnt. Thatsächlich unterscheidet man Parenchymzellen, Collenchymzellen, Sklerenchymzellen nur durch die Membranen. Und welche Wunderlichkeit des Ausdrucks entsteht, wenn bei den Holzzellen und Korkzellen gesagt werden muss, diese Zellen seien im physiologischen Sinne keine Zellen mehr. Wer ein strenges Gewissen hat, getraut sich heute garnicht recht mehr, die Ausdrücke Holzzellen oder Steinzellen zu gebrauchen.

Auch in der Physiologie kommt man mit dem modernen

Zellenbegriff keineswegs ohne Anstoss vorwärts. Hat man die Membran als etwas ganz Unwesentliches erklärt, wie soll man sie nachher bei den Turgescenzerscheinungen, die ohne Membran gar nicht zu Stande kommen und die die Wachsthums- und Bewegungsvorgänge, also ganz fundamentale Lebenserscheinungen beherrschen, wieder in ihr Recht einsetzen. Kann man zu einer richtigen Auffassung des Holzes gelangen, wenn die Zellmembran nichts bedeutet, während das Holz blos aus Membranen allein besteht. Wo das Wesentliche d. h. das Protoplasma völlig verschwunden ist, ist es offenbar unwesentlich geworden.

Diesen Widersprüchen gegenüber, die durch den modernen Zellenbegriff entstehen, ist es nicht zu leugnen, dass auch der ältere Zellenbegriff nicht ausreicht, wenn man, wie oben erörtert, die hautlosen Zellen und namentlich die Plasmodien in's Auge fasst.

Es ist also ganz unmöglich, mit diesem doppelsinnigen Begriff überhaupt zu wirthschaften.

Man hätte diesen Zustand von vornherein vermieden, wenn Max Schultze, Brücke und de Bary bei der Umänderung des Zellensbegriffes nicht, aus Pietät, wie Brücke sagt, die aber ganz unangebracht war, den logischen Fehler begangen hätten, den Theil und das Ganze gleich zu benennen. Allein dieser Fehler kann heute noch beseitigt werden, man braucht nur das damals Versäumte nachzuholen und der Hauptsache an der Zelle, dem Protoplasmakörper einen anderen Namen zu geben. Das ist der gebotene und natürliche Weg. Dagegen würde es wie sich aus der historischen Darstellung ergiebt, ganz unrichtig sein, das Wort Zelle überhaupt zu streichen. Man würde dann die Litteratur bald nur schwer ohne steten historischen Commentar verstehen. Eine solche Ansicht hängt wohl zusammen mit den Entdeckungen der neueren Zeit, dass die Protoplasmakörper der Zellen durch Verbindungsfäden zusammenhängen. Nach ihrer Endeckung wurde von Russow die, später auch von Sachs aufgenommene Deutung gemacht, dass nun das gesammte Protoplasma eines Organismus etwas Zusammenhängendes sei und die Pflanzen weniger aus Zellen zusammengesetzt, sondern ihr ganzer Protoplasmakörper nur von Membranen durchsetzt erschienen.

Man kann diesen Gesichtspunkt billigen, ohne doch die Betrachtung der Zelle als eines abgeschlossenen Structurelementes zu verwerfen. Die Anatomie spricht doch immer noch sehr gewichtig für eine Selbstständigkeit der Zelle bis zu einem gewissen Grade, wenn wir auch längst den extremen Schleiden'schen Standpunkt verlassen haben. Auch scheinen mir die interessanten und aufklärenden Beobachtungen Arthur Meyer's über die Protoplasmaverbindungen von Volvox und seine daran geknüpften Erörterungen durchaus dafür zu sprechen, dass man besser thut, die Protoplasmafäden nur als Verbindungen einzelner Protoplasten anzusehen, als einer Vereinigung zu einem einzigen grossen Protoplasmakörper durch diese Fäden, das Wort zu reden. Man wird sich doch nur schwer das gesammte Protoplasma eines Baumes als einen zusammenhängenden Körper vorstellen, der von Membranen durchsetzt ist, dagegen viel leichter, dass die Inhalte der Zellen durch ihre Membranen hindurch mit einander verbunden sind.

Ein Vorschlag in diesem Sinne ist in dem oben genannten Aufsatze von Sachs „Energiden und Zellen" gemacht worden. Sachs nennt einen Protoplasmakörper mit einem Zellkern Energide und hat die Vortheile dieser Benennung erläutert.

So sehr diese Sache auf den ersten Blick als eine wesentliche Neuerung erscheint, und so richtig auch das Ziel nach Klarheit dem Autor vorschwebte, so ergiebt sich doch bei einiger Ueberlegung, dass an diesem neuen Namen derselbe alte Fehler haftet, wie an der Zelle.

Blicken wir auf unsere Geschichte des Zellenbegriffes zurück, so lässt sich klar erkennen, dass Widersprüche und Schwierigkeiten erst nach der Ausbildung des Dualismus auftreten, der die Zelle gleichzeitig als Formelement und als Organismus betrachtet. Im Anfang war die Zelle blosses Formelement, der organische Krystall Schwanns. Nach und nach wurde sie auch zum Elementarorganismus, und nun hatte man ein Ding mit zwei Gesichtern und doppelte Definitionen, die sich nicht deckten. Das Formelement war nicht immer lebendig, die lebendige Zelle stimmte nicht immer mit der Form.

Dieser Dualismus bleibt bei Sachs in unveränderter Weise erhalten, er hängt sich nur statt an die ganze Zelle, an ihren Protoplasmakörper.

Sachs definirt die Energide einmal als ein Formelement, d. h. einen „Protoplasmakörper mit einem Zellkern" und zweitens als etwas Dynamisches, als „primäres Kraftelement". Das passt nun schon wieder nicht überall.

Zunächst kann der Begriff der Energide nicht auf die kernlosen Bacterienzellen und Schizophyceen angewandt werden. Ferner entstehen, wie das schon Haberlandt hervorgehoben hat, bei den vielkernigen Siphoneen Zweifel und Unklarheiten. Sachs will den vielkernigen Protoplasmakörper der Siphoneen und Phycomyceten als aus zahlreichen Energiden bestehend ansehen, aber mit Recht bezweifelt Haberlandt wegen der Ortsbewegung der Kerne in den grossen Zellen, dass die Ansicht, ein Kern beherrsche einen bestimmten Theil des Protoplasmas und bilde die Energide, richtig sei.

Da Sachs in seinem Aufsatze die Energide in erster Linie morphologisch definirt, obgleich der Protoplasmakörper, nach einem späteren Zusatz des Autors, wieder vorwiegend als physiologische Einheit aufgefasst wird, so könnte die Energide nur ein untergeordneter Begriff eines noch festzustellenden höhern sein. Denn die Energide als Protoplasmakörper mit einem Zellkern ist nur eine Form, in welcher der lebendige Zellinhalt auftritt, sie ist nicht gleichbedeutend mit dem lebendigen Zellinhalt im Allgemeinen, da dieser ja nach Sachs aus einer oder mehreren Energiden bestehen kann. Man müsste aber doch zunächst einmal einen Ausdruck für den gesammten lebendigen Zellinhalt ohne Rücksicht auf seinen Aufbau haben.

Soll der Protoplasmakörper der Zelle mit einem Namen belegt werden, so muss dieser Ausdruck nur in einem Sinne und zwar bloss im dynamischen definirt werden. Dadurch tritt er in den nothwendigen Gegensatz zu seiner Form, der Zelle.

Vom Protoplasmakörper kann nur verlangt werden, dass er lebendige Eigenschaften besitzt, ob er dabei einen, viele oder keinen Zellkern enthält, kommt nicht in Betracht.

In diesem ganz veränderten Sinne müsste man also die Energide auffassen, wenn man nicht in die alten Widersprüche verfallen will. Da aber Sachs den Begriff schon ganz bestimmt definirt hat, so scheint es mir zweckmässiger, einen ganz anderen Ausdruck zu wählen.

Es ist schon von Haberlandt hervorgehoben worden, dass Sachs' Energide dasselbe sei, was Brücke als „Zellenleib", Hanstein als „Protoplast" bezeichnet. Dass ist aber nur bedingt richtig, da Sachs die Energide durch das Gewicht, was er auf den Zellkern legte, enger gefasst hat. Aber man könnte immerhin zunächst mit dem Vorhandenen rechnen.

Schultze bezeichnet den Zelleninhalt als Zelle, was unhaltbar ist, Brücke, als Zellenleib, Hanstein als Protoplast.

Der Name „Zellenleib" scheint mir mit Rücksicht auf das internationale Verständniss nicht brauchbar und hat auch bei den Myxomycetenplasmodien keinen rechten Sinn. Die von Häckel an Stelle dafür gebrauchten Ausdrücke Celleus und Cytosoma sind theils nicht gut gebildet, ebenso wie der Protoplast Hansteins und charakterisiren andererseits weniger die dynamische, als die morphologische Seite des Zellinhaltes. Häckels Plastide ist nicht zu brauchen, da er damit die vollkommenen Zellen bezeichnet, die er dann wieder in kernhaltige „Zellen" und kernlose „Cytoden" scheidet.

Allen diesen Bezeichnungen wäre die „Energide" vorzuziehen, wenn sie nicht einen Doppelsinn hätte.

Ich möchte nach diesen Ueberlegungen vorschlagen, dem lebendigen Zelleninhalt den Namen „Biophor" zu geben*).

---

*) Der Annahme dieser Bezeichnung scheint mir nicht im Wege zu stehen, dass Weissmann gelegentlich hypothetische Protoplasmabestandtheile, deren Existenz fraglich ist, Biophoren genannt hat. Die Botanik steht diesen Ansichten ganz fern. Ich würde daher in erster Linie für den Ausdruck Biophor sein, obgleich man ja auch vielleicht Biokinet, Bioplast oder Biogenet sagen könnte.

Der Biophor wird definirt als ein selbständiger Träger aller Kraftwirkungen, die man als Lebenserscheinungen bezeichnet. Eine bestimmte morphologische Definition des Biophors wird nicht gegeben (schon deshalb nicht, weil wir noch gar nicht am Ende mikroskopischer Forschung stehen) sondern nur die folgende Erklärung:

Der Biophor besteht aus einem Protoplasmakörper ohne Zellkern oder mit einem, mehreren oder vielen Zellkernen.

Umgiebt sich der Biophor mit einer Membran, so nennen wir ihn Zelle. Die Zelle besteht also immer aus dem Biophor und der Membran.

Mit dieser Definition ist die Zelle wieder zu dem klaren, widerspruchsfreien Specialbegriff geworden, der sie ursprünglich gewesen und hätte bleiben sollen.

Sachs hat es in seinem Aufsatze „Energiden und Zellen" ganz unterlassen, bestimmt auszusprechen, was er unter einer Zelle verstehen will. Er stellt blos die Alternative, entweder die Zelle mit Inhalt, oder nur die Membran in Zukunft Zelle zu nennen? Das Letztere aber würde ich nicht für richtig halten, da es der Auffassung der Zelle, wie sie von Anfang an gewesen, widersprechen würde.

Der Begriff des Biophors als des freien oder in einer Membran eingeschlossenen Protoplasmakörpers, erleidet keinen Widerspruch durch die Thatsachen und bringt sie in einfacher Weise zum Ausdruck.

Alle Pflanzen bestehen aus einem oder aus vereinigten Biophoren, die bei den meisten Pflanzen als Zellen auftreten.

Damit ist alles umfasst, die Elemente der Gewebe sowohl als die Schwärmsporen und auch die Plasmodien der Myxomyceten, bei welchen durch Sachs' Energiden ein unlösbarer Streit darüber entstehen müsste, ob ein Plasmodium noch aus zahlreichen Energiden besteht oder nicht. Man müsste ja auch hier den von Haberlandt für vielkernige Zellen mit lebhafter Protoplasmaströmung vorgebrachten Einwand erheben.

Das Plasmodium ist ebensogut ein Biophor, als der Inhalt einer Gewebezelle, dynamisch stimmt er mit diesem ganz überein. Man ist auch längs gewohnt, gerade das Protoplasmanetz einer erwachsenen Gewebezelle mit einem Plasmodium zu vergleichen. Wenn auch das Plasmodium selbst aus zahlreichen Amoeben, die selbst Biophoren waren, entsteht, so ist die gleiche Benennung ebensowenig ein Widerspruch, als wenn man einen aus zahllosen kleinen zusammengeflossenen grossen Wassertropfen auch Tropfen nennt. Die Amoeben haben ihre Individualität völlig aufgegeben, sie sind thatsächlich als solche verschwunden und es ist durchaus künstlich, sie noch im Plasmodium als Energiden unterscheiden zu wollen.

Bei der heute vorhandenen doppelten Bedeutung des Wortes Zelle, stösst man namentlich auf unerträgliche Schwierigkeiten, wenn man die Veränderungen der Zelle bezeichnen will. Consequenterweise müsste man Holzzellen oder Steinzellen und Korkzellen als Zellen bezeichnen, die ihre Zellen verloren haben, was natürlich ganz sinnlos klingt. Aber ganz abgesehen von Erklärungen, darf man trotz der Unentbehrlichkeit dieser Ausdrücke für den Pflanzenanatomen, nicht einmal von Steinzellen oder Korkzellen reden, da sie ja nach heutigem Begriff keine Zellen sind, sondern nur Räume für Zellen. Mit dem Worte Biophor fallen diese Unzuträglichkeiten fort. Die Zelle ist das Element von dem sich alles ableiten lässt. Zellenmetamorphosen sind theils noch mit Biophoren versehen, wie die Milchröhren und Siebröhren, theils haben sie ihre Biophoren verloren, wie Holzzellen, Steinzellen, Korkzellen. Es liegt nun aber gar kein Grund mehr vor, diese letzten Worte als unwissenschaftlich zu verabscheuen, denn eine Holzzelle muss thatsächlich als Zelle bezeichnet werden, die ihren Biophoren verloren hat. Da diese Zellen durch ihre Bestimmungsworte als Zellmetamorphosen gekennzeichnet werden, so ist ein Widerstreit mit dem Zellenbegriff nicht mehr vorhanden.

Wenn man bei den Schwärmsporen u. s. w. den Biophoren seine Zelle verlassen sieht, um nach einiger Zeit seines beweglichen Lebens wieder zur Zelle zu werden, so werden die besonderen

Benennungen dieser Biophoren als Gameten oder der ihrer Verschmelzungsproduct als Zygoten natürlich in keiner Weise überflüssig und es scheint mir ein besonderer Vortheil der neuen Ausdrucksweise, dass sie nur Ordnung schafft ohne das Gewohnte auch nur im Mindesten zu verdrängen.

Ein Vortheil scheint mir darin zu liegen, dass mit der obigen Auffassung die Siphoneen wieder nach der ursprünglichen Auffassung von Nägeli als einzellige Organismen zu bezeichnen sein werden. Diese Zellen enthalten einen vielkernigen Biophoren. Die Membran, welche nach meiner Ansicht jede Zelle charakterisirt, lässt keine andere Bezeichnung zu. Ich halte sie aber auch für die bessere. Sachs hat diese Ansicht bekanntlich bekämpft und die Siphoneen als nichtcelluläre Pflanzen bezeichnet (Arbeiten des bot. Institutes zu Würzburg Bd. II. p. 197). Einen allgemeinen Anklang hat dieser Vorschlag nicht gefunden. Die sachlichen Einwände sind bekannt. Man könnte aber doch noch hervorheben, dass die Siphoneen doch einmal mit einer Zelle ihren Anfang nehmen, und dass es sonderbar klingt, ein Ding, welches aus einer Zelle entsteht, „nichtcellulär" zu nennen. Ausserdem hat die Bestimmung eines Objectes durch ein negatives Merkmal sehr viel gegen sich. Ein solcher rein logischer Gegensatz muss dahin führen, andere Objecte, denen dies Merkmal ebenfalls fehlt, auch mit jenen zusammenzustellen, obgleich sie sonst nicht dahin gehören. Dadurch entstehen dann ganz falsche Auffassungen, wie z. B. in dem Lehrbuch der Botanik von Giesenhagen, wo auf einmal die nackten Protoplasmakörper niederer Pflanzen als nichtcellulär bezeichnet werden. Es ist das ein doppelter Widerspruch einmal gegen Sachs deutlich ausgesprochene Meinung und zweitens gegen die heutige Auffassung solcher nackter Protoplasmakörper als Zellen.

Indem ich hier neue Auffassungen und Ausdrücke in Vorschlag bringe, liegt mir die Einbildung fern, als Gesetzgeber auftreten zu wollen, was ja immer misslich ist, da die Wissenschaft sich ebenso wenig Ansichten und Ausdrücke aufdrängen, als entreissen lässt. Ich bin aber davon völlig überzeugt, dass eine neue Ausdrucksweise der Wissenschaft von erheblichem Nutzen sein wird und kann wenigstens hoffen, durch diese Untersuchung einen Entschluss in dieser Richtung erleichtert zu haben. Ich zweifle auch nicht, dass eine Uebertragung der hier vorgeschlagenen Auffassung und Ausdrucksweise auf die Zootomie mit Leichtigkeit möglich wäre.

Berichtigungen.

p. 23 Zeile 14 von oben lies: Entstehung aus Reihen geschlossener Zellen.
p. 29 „ 7 „ „ „ abscheiden.

v. Münchow'sche Hof- u. Univ.-Druckerei, Giessen.

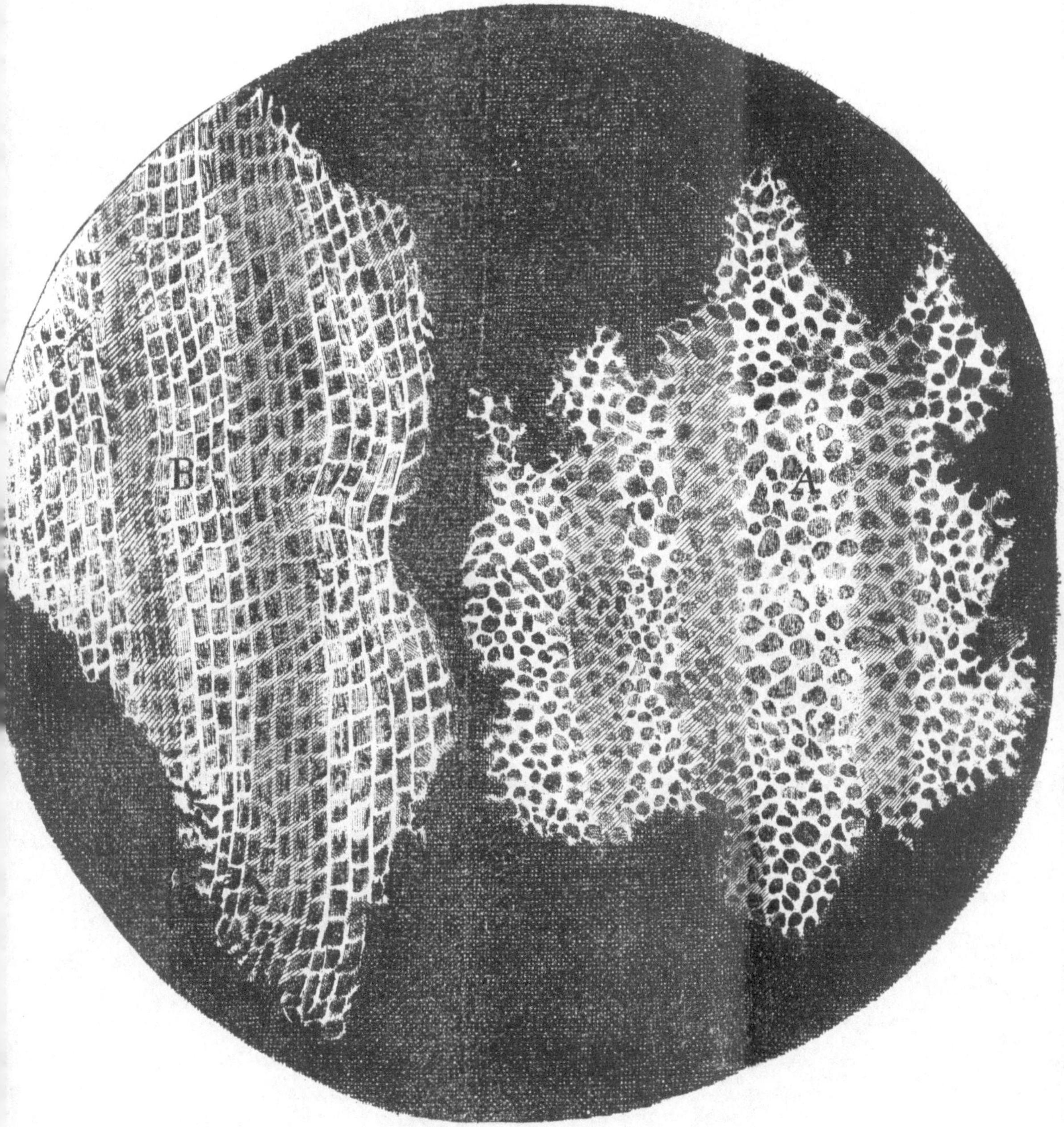
B
A

FSC
www.fsc.org
MIX
Papier | Fördert
gute Waldnutzung
FSC® C083411

Kolibri 360 GmbH
Ferdinand-Jühlke-Straße 7
99095 Erfurt, Deutschland
produktsicherheit@kolibri360.de